科学与中国

十年辉煌　光耀神州

科学的历史与文化集

白春礼　主编

图书在版编目(CIP)数据

科学与中国:十年辉煌 光耀神州(10集)/白春礼主编. —北京:北京大学出版社,2012.10

ISBN 978-7-301-21103-8

I. 科… II. 白… III. ① 科技发展-成就-中国 ② 技术革新-成就-中国 IV. ① N12 ② F124.3

中国版本图书馆CIP数据核字(2012)第189567号

书　　　名:科学与中国——十年辉煌 光耀神州(10集)
著作责任者:白春礼　主编
丛 书 策 划:周雁翎
丛 书 主 持:陈　静
责 任 编 辑:陈　静　李淑方　于　娜　郭　莉
　　　　　　邹艳霞　刘　军　唐知涵　周雁翎
标 准 书 号:ISBN 978-7-301-21103-8/G·3485
出 版 发 行:北京大学出版社　　新浪官方微博:@北京大学出版社
地　　　址:北京市海淀区成府路205号　100871
网　　　址:http://cbs.pku.edu.cn
电　　　话:邮购部 62752015　发行部 62750672
　　　　　　编辑部 62767857　出版部 62754962
电 子 信 箱:zyl@pup.pku.edu.cn
印　刷　者:北京中科印刷有限公司
经　销　者:新华书店
　　　　　　650毫米×980毫米　16开本　200印张　1690千字
　　　　　　2012年10月第1版　2013年5月第2次印刷
定　　　价:860.00元(10集)

编委会名单

序 言

十年前，由中国科学院牵头策划，并联合中共中央宣传部、教育部、科学技术部、中国工程院和中国科学技术协会共同主办的“科学与中国”院士专家巡讲活动拉开了帷幕。这项活动历经十载，作为我国的一项高端科普品牌活动，得到了广大院士和专家的积极响应，以及社会公众的广泛支持和热烈欢迎。十年来，巡讲团举办科普报告800余场，涉及科技发展历史回顾、科技前沿热点探讨、科学伦理道德建设、科技促进经济发展、科技推动社会进步等五个方面，取得了良好的社会反响，在弘扬科学精神、普及科学知识、传播科学思想、倡导科学方法等方面作出了突出的贡献。

“科学与中国”院士专家巡讲团由一大批著名科学家组成，阵容强大，演讲内容除涉及自然科学领域外，还触及科学与经济、社会发展等人文领域，重点针对“气候与环境”、“战略性新兴产业”、“科学伦理道德”、“振兴老工业基地”、“疾病传染与保健”等社会关注的焦点问题和世界科技热点，精心安排全国各地的主题巡讲活动。同时，该活动还结合学部咨询研究和地方科技服务等工作开展调查研究，扩大巡讲实效。近年来，巡讲团针对不同人群的需要，创新开展活动的组织形式，分别在科技馆和党校开辟了面向社会公众和公务员的“科学讲坛”科普阵地，举办了资深院士与中小学生“面对面”对话交流活动。这些活动的实施在激励青少年学生成长成才和献身科学事业、培养广大领导干部科学思维与科学决策、引导社会公众全面正确认识科学技术等方面都起到了积极作用。如今，“科学与中国”院士专家巡讲活动已经成为我国高层次的科学文化传播活动，是科学家与公众的交流桥梁，是科学真谛与求知欲望紧密联结的纽带，是传播科学的火种。

科技创新，关键在人才，基础在教育。进入21世纪以来，世界科技发展势头更加迅猛，不断孕育出新的重大突破，为人类社会的发展勾勒出新的前景，世界政治、经济和安全格局正在发生重大变化。随着人类文明在全球化、信息化方面的进一步发展，国家间综合国力的竞争聚焦于科技创新和科技制高点的竞争，竞争的重点在人才，基础在教育。胡锦涛同志在2006年全国科学技术大会上曾经指出，要“创造良好环境，培养造就富有创新精神的人才队伍”。是否能源源不断地培养出大批高素质拔尖创新人才，直接关系到我国科技事业的前途和国家、民族的命运。由于历史的原因，作为一个人口大国，我国公众整体科学素养水平相对较低，此外，由于经济、社会发展不均衡，公众科学素养存在很大的城乡差别、地区差别、职业差别。所以，我国的科普工作作为公众科学教育的重要环节，面临着更加复杂的环境。中国科学院应当充分发挥自身的资源优势，动员和组织广大院士和科技专家以多种形式宣传科技知识，传播科学理念，积极开展科普活动，把传播知识放在与转移技术同样重要的位置，为培育高素质创新人才创造良好的环境条件并作出应有的贡献。

中国科学院学部联合社会力量共同开展高端科普工作的积极意义，不仅在于让公众了解自然科学知识，更在于提高公众对前沿科技的把握，特别是加深其对科学研究本身的思想、方法、精神、价值、准则的理解，这是对大中小学课程和社会公众再教育的重要补充。只有让公众理解科学，才能聚集宏大的人才队伍投身于科技创新事业，才能迸发持续不断的创新源泉，凝结为创新成果。

我们向社会公开出版院士专家的演讲报告文集，希望读者能够通过仔细阅读，深度体会科学家们的科学思想和科学方法，感受质疑、批判等科学精神和科学态度，理解科技的道德和伦理准则，把握先进文化和人类文明的发展方向，并在实际工作和社会生活中切实加以体会和运用。这也是中国科学院学部科学引导公众、支撑国家科学发展的职责之所在。

是为序。

2012年春

目 录

世界科技的过去、现在和未来发展趋势

白春礼

一、过去100年世界科技发展的主要成就

二、世界科技发展的现状

三、21世纪世界科技发展的趋势

四、21世纪我国科技发展的战略与政策

【作者简介】 白春礼，男，满族，1953年9月生，辽宁人。博士。

现任中国科学院院长，党组书记，学部主席团执行主席。1996年任副院长，党组成员；2004年任常务副院长、党组副书记(正部长级)。中共十五届、十六届、十七届中央委员会候补委员。中国科学院院士，发展中国家科学院院士、副院长，美国国家科学院、俄罗斯科学院外籍院士，英国皇家化学会荣誉会士，印度科学院荣誉院士等。美国、英国、瑞典、丹麦、俄罗斯、澳大利亚等多所大学的荣誉博

士。兼任中国科协副主席、中国微纳协会名誉理事长、国家纳米科技指导协调委员会首席科学家、中国科学院大学校长等。中央人才工作协调小组、国家教育改革领导小组、国家"十二五"国民经济社会发展规划专家组成员，国家科技奖励委员会副主任委员等。他还是若干化学和纳米科技领域重要国际学术刊物的共同主编或国际顾问编委。

1978年毕业于北京大学化学系，1981年获中国科学院硕士学位，1985年获博士学位，1985—1987年在美国加州理工学院作博士后和访问学者，1991年10月至1992年4月在日本东北大学作客座教授。

白春礼院士先后从事过晶体结构、分子力学和EXAFS等方面的研究工作。从20世纪80年代中期开始转入到纳米科技的重要领域——扫描隧道显微学的研究，主要工作集中在扫描探针显微技术以及分子纳米结构和纳米技术研究方面。在国内外出版多本中英文著作，获国家和省部级科研成果奖励10项。

白春礼院士现在还兼任中国科学院化学部主任、国家科技奖励委员会副主任委员、中国化学会理事长、国家纳米科学中心主任、国际理论与应用化学联合会（IUPAC）执行局委员等职。

今天的报告包括四方面的内容:第一个方面是百年科技的回顾;第二个方面是关于世界科技发展的现状,尤其重点突出信息技术、生命科学与生物技术、纳米技术的发展现状;第三个方面是关于21世纪科技发展的趋势;第四个方面是我国科技发展的战略与政策。

一、过去100年世界科技发展的主要成就

首先是回顾一下过去100年世界科技发展的一些主要成就。科学技术向生产力凝聚的过程,推动了人类社会的进步与发展。由科学技术创造出最具代表性的生产工具,也成为一个时代的标志。回顾历史,我们知道有石器时代、青铜器时代、铁器时代,有中世纪时代,一直到近现代。现代社会是一个信息时代,计算机已成为我们这个时代的一个代表性的工具。所以,科学技术向生产力凝聚的过程推动了人类社会的进步与发展。

微观世界的三大发现为20世纪的物理学革命奠定了重要基础,也为我们今天的科技革命奠定了重要基础。1895年,伦琴发现了X射线(最早叫伦琴射线)。X射线的发现为我们研究物质的结构提供了一个非常重要的手段,也为医学探测提供了一个重要的手段。比如说我们很多人都做过X光透视。1897年,汤姆逊发现了电子。1898年,科学家发现了天然放射性,并且由居里

夫妇进行了证实，因而获得了诺贝尔奖。X射线、放射线和电子的发现打开了原子世界的大门，使研究领域由宏观低速度领域迈入到微观高速度领域，从而改变了人们在物质和物质特性方面的一些传统观念。

回顾20世纪，在科学上的主要成就有两项理论发现和五大理论模型的建立，在技术上发展了五大尖端技术。科学上的两项重要理论就是量子论和相对论，同时还建立了五大理论模型，就是关于基本粒子的夸克模型、关于DNA的双螺旋结构模型、关于宇宙大爆炸的学说、关于计算机的模型、关于地质板块的模型。在技术上的成就主要是核技术、航天技术、计算机技术、基因技术和激光技术。

量子论的诞生和发展是在20世纪之初。1900年，普朗克提出了能量子的概念，这标志着量子理论的诞生；1905年，爱因斯坦提出光量子的理论；1914年，玻尔提出了原子的量子理论，后来经过海森伯和薛定谔几位科学家的工作，在20世纪20年代发展成为量子力学。图1是量子论的创立者普朗克，生于1858年，1947年去世。图2和图3分别是海森伯和薛定谔。同学们在学量子论的时候，书上都要提到薛定谔方程。

相对论诞生在1905年，当年爱因斯坦发表了《论动体的电动学》的论文，创立了相对论，后来进一步推广成为广义的相对论。图4是爱因斯坦的工作照片。

▲图1　普朗克(1858—1947)

▲图2　海森伯(1901—1976)

▲图3　薛定谔(1887—1961)

▲图4　爱因斯坦(1879—1955)

20世纪,科学上的主要成就还包括五大模型,首先一个是关于粒子物理的夸克模型。我们知道,世界万物是由物质构成的,我们可以不断地追寻物质的本原,探索它的基本粒子。夸克模型是目前我们在基本粒子探索领域当中的一个最基本的模型。人类在宇宙探索方面的主要成就是建立了宇宙学的大爆炸模型。在生命科学领域,沃森和克里克于1953年建立了DNA的双螺旋结构模型,这个模型的建立奠定了现代分子生物学和生物技术的基础。在计算机领域,则建立了冯诺依曼模型，现在我们所用的计算机的所有结构，都是在冯诺依曼所提出的这个模型的基础之上建立起来的。另外一个重要成就就是地质构造的板块模型，这是关于大陆漂移说的一个模型。

图5是美国费米国家实验室所做的加速器。这个加速器环绕区的直径有2000米左右。做这个加速器的目的就是为了实现电子的对撞、粒子的对撞，从而研究基本的粒子。德国科学家魏格纳提出了大陆漂移学说。他认为大陆原来是一个整体，随着地质板块的运动，最后分成了欧洲、亚洲等大洲和大洋。沃森和克里克两个人创立了DNA的结构模型(参见图6)。

图6是DNA的双螺旋结构图，两条DNA链之间因为氢键而形成了这样一个结构。现在的

(环状区域直径2千米)

▲图5 美国费米国家实验室加速器

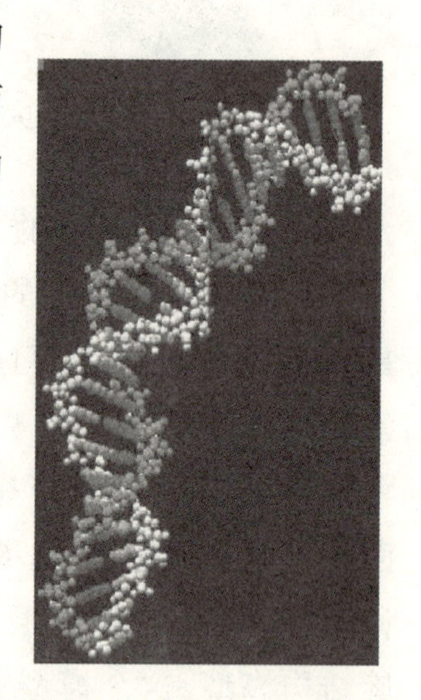

▲图6 DNA结构模型

基因技术,包括克隆技术,都源于对DNA结构特性的了解。如果没有DNA的双螺旋模型的建立,那么就没有现在的生物技术。

20世纪,在技术进步方面的成就主要包括五大技术。首先是核技术。我们知道,1945年,在日本爆炸了世界第一颗原子弹;1952年,氢弹诞生;1954年,核技术开始民用,第一座核电站建成。航天技术在20世纪也得到了长足的发展。1957年,第一颗人造卫星上天;1961年,载人航天飞船绕地球一周;1969年,"阿波罗"号飞船登月成功;1977年,载人航天飞机也试飞成功。我们知道,2003年10月15日,我国自行研制的"神舟"五号载人飞船也成功发射,中国实现了载人航天的梦想。"神舟"系列飞船的研制是始于20世纪90年代。图7是1970年我国发射的第一颗人造卫星——"东方红"一号,当时它还奏响了"东方红"乐曲。图8是世界上第一位太空人——苏联宇航员加加林。在空间探索方面,欧洲的联合空间实验站发挥了非常重要的作用。空间探索包括天文学的探索,美国在空间发射了哈勃太空望远镜,传回了很多太空的信息。我国"神舟"五号载人飞船的发射成功,极大地焕发了中国人在世界高科技领域中所取得的成就的自豪感。图9是"神舟"五号载人飞船整个飞行的全过程图。当时"神舟"五号在酒泉卫星发射基地发射的时候,我有幸在现场目睹了"神舟"五号的发射

▲图7 "东方红"一号

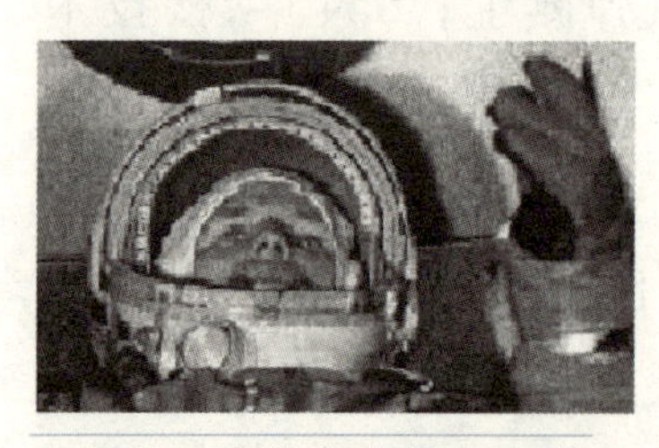
▲图8 苏联宇航员加加林

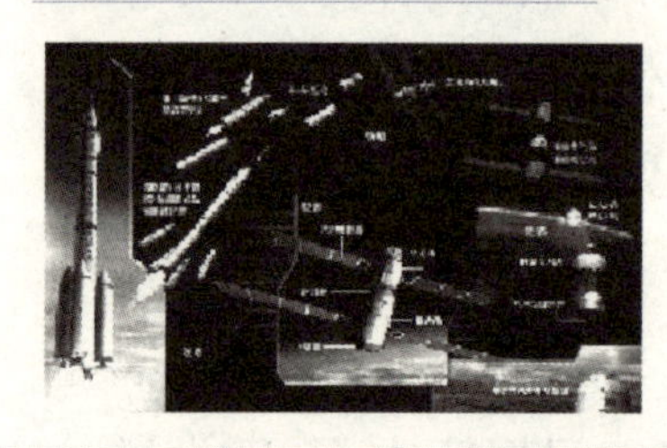
▲图9 "神舟"五号载人飞船飞行全程图示

过程。

电子计算机技术在20世纪也取得了长足的发展。1946年,世界第一台电子计算机诞生;1971年,世界上出现了第一台通用微机。图10是世界上第一台电子计算机,在一个很大的房间里装了很多笨重的仪器。我们现在使用的笔记本电脑,所占空间很小,但它的运算速度和存储能力比这台计算机不知要强多少倍。

激光技术在20世纪也同样取得了长足的发展。1960年,诞生了第一台激光器——"红宝石"激光器;1963年,诞生了第一台半导体激光器;1964年,出现了气体激光器;1977年,自由电子激光器问世。激光器的发展不仅仅是在工业和科学研究方面,它在很多方面都发挥了非常重要的作用,包括在医学领域。图11是实验室里的激光实验。

基因重组技术在20世纪也取得了很大的进步。

▲图10 世界上第一台电子计算机

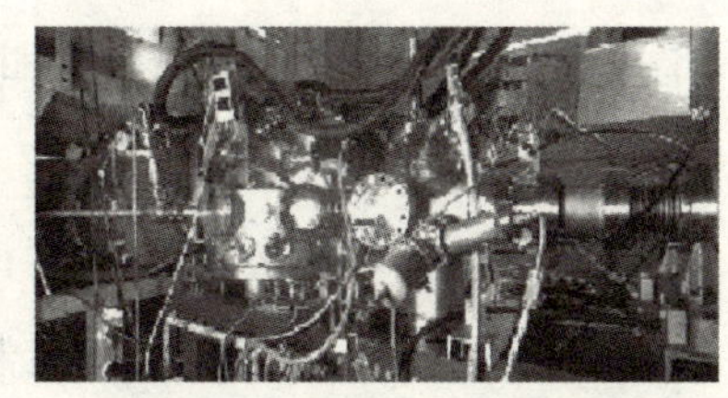

▲图11 实验室里的激光实验

1973年，实现了基因重组；1978年，实现了使大肠杆菌产生人的胰岛素；1989年，实现了把外源基因安全转移到患者体内，使人类的基因治疗成为可能。

回顾20世纪，科学的发展给了我们什么启示呢？20世纪科学上的发展，包括相对论、量子论、信息论、控制论、DNA的双螺旋结构模型、大陆板块与漂移学说、宇宙大爆炸的假说等，这些科学的发展都是对物质、能量的运动和相互作用的基本规律，对信息的存储、传输和变换规律，对生命遗传的分子机制，对固体地球与宇宙演化基本规律的揭示与探索，都属于原始性、基础性的科学发现和理论创新。

20世纪的技术变革给了我们什么启示呢？回顾刚才所谈到的这几个方面，我们可以看到，20世纪的技术革命大多数是满足人类的基本需求、促进全球经济社会的发展、创造新的市场需求的关键性、战略性的技术创新或集成。比如，汽车、飞机、航天飞船拓展了人类的活动空间；电报、电话、卫星通信、遥感技术、因特网、计算机拓展了人们的信息获取和传播的能力,替代了部分的人的脑力劳动;家用电器解放了人们的家务劳动,使人们有更多的时间来进行学习与创造,使家庭与世界连接成为一个整体;材料制备和制造技术的进步使人类有能力更有效地利用自然资源和满足人类的多样化需求;生物与医学工程技术的进步,使农业育种和栽培技术、医疗诊断治疗和医药技术发生了革命。

20世纪科学技术作用于社会有哪些特点呢?我们可以看到,生产的发展主要是由科学技术来推动的,经济竞争的成败主要决定于科技竞争的优势;科技发展速度越来越快,科技成果转化为生产力的周期也越来越短。也就是说,科技成果工业化的周期越来越短了。比如说喷气发动机,从实验成果到做成一个发动机,实际上只用了14年的时间;电视机从科学实验到最后变成一个产品,只用了12年的时间;原子弹从原理的发现到最后的爆炸,只用了4年的时间;晶体管从实验到实用的产品只用了5年的时间;激光从科学发现到产生第一支激光器用了不到2年的时间,等等。可以说,科技发展的速度越来越快,科技成果转化为生产力的周期越来越短。还有一个科技作用于社会的特点就是科技进步因素在GDP中所占的比重越来越大。20世纪初,科技进步因素在发达国家的GDP中所占的比重大体是5%~10%,现在已经几乎占到80%;也就是说,在一个发达国家的所有的工业总产值中，由科技进步因素所起的作用非常大。

同时，科技的发展也改变了产业结构，使经济发展逐步由传统的资源型经济向现代的科技型产业发展。

由此可见，科学技术发展的步伐越来越快，科学技术成果转化为生产力的周期也会越来越短。这个周期在18世纪是70年的时间，在19世纪是20年的时间，在20世纪上半叶是15年的时间，到了20世纪下半叶，这个周期只有三四年的时间。科技的迅速发展值得我们去回顾、去深思、去反省、去总结。有人说，20世纪的科学成就等于人类在此之前所有的科学发现、发明的总和，应该说，这并不是一个虚言。

所以，当我们回顾20世纪科学技术的发展历程，以及科学技术对于社会的作用时，我们可以得出一个结论，这个结论就是小平同志提出来的“科学技术是第一生产力”的结论。

二、世界科技发展的现状

第二部分主要讲一讲世界科技发展的现状。21世纪关键的科学技术领域有以下几大领域：信息技术、生命科学与生物技术、能源技术、纳米技术。也有人说是信息技术、生命科学与生物技术和纳米技术三大领域。

我想，这几大技术领域应该是21世纪科技发展的关键领域。目前世界科技的发展体现了以下几个特点：第一是信息技术（IT技术）在全球经济生活中的主导作用越来越突显。记得我1987年从美国刚回来的时候，那时候买计算机，买一个IBM的PC/XT或AT，需要花3万元人民币，速度也非常慢，现在早已被淘汰了。那时候是286，后来是386、486、586、奔腾I、奔腾II、奔腾III、奔腾IV，现在所买的电脑，速度越来越快，容量越来越大，体积也越来越小。20世纪80年代还没有手提电话，90年代初有了手提电话，叫“大哥大”，块头又方又大，像一个砖头似的。现在的手机非常小。在当今社会里，手机对我们生活的影响也很大。据说有一类年轻人叫“拇指族”，每天都要用手指头摁发短信。今天，因特网技术飞速发展，网民越来越多，到处都有网吧，从而使世界的距离拉短了，也改变了我们很多的生活方式，包括贸易的方式，等等。

目前，人类基因组序列“工作框架图”已经被成功地绘制出来了。现在我们进行的可以称为后基因组计划。生命科学技术的发展会更多地造福于人类。同时，纳米科技在世界范围之内也受到了各国的普遍垂青。关于纳米科技，我在后面还会作一些介绍。

我举几个例子，比如说生命科学和生物技术、基因组的研究，在21世纪初引起了广泛的关注。2000年6月

26日，美国、英国、日本、德国、法国和中国六个国家的科学家宣布：测定人类基因组的全部DNA序列的人类基因组计划的工作框架构建完成，被誉为“生命天书”的人类基因组工作草图绘制成功。应该说，人类获得了全面认识自我的最重要的基本的生物信息。

后基因组的研究也会为人类带来福音。如何利用这个基因组计划所获得的基本信息来研究一些基因，这对于药物的设计会起到很重要的作用。同时，可以用基因疗法来治疗一些基因性的疾病，比如说免疫缺陷的疾病，也是现在生命科学发展的一个重要领域。图12是人类DNA在电子显微镜下的照片。人类身上的23对染色体中，3号染色体的全部测序工作是由中国科学家和美国科学家共同完成的。这个测序工作主要是由中国科学院的基因组研究所和华大基因参与的。

2002年12月，中国科学院完成了中国水稻基因组“精细图”的绘制工作。图13是*Science*上发表的中国科学家水稻基因组的工作。这项成果对于全面阐明水稻的生长、发育、抗病、抗逆和高产规律、推动遗传育种研究，都会产生非常重要的影响。

在生命科学和生物技术领域，生物芯片也是一个很重要的前沿领域。生物芯片是探索生命奥秘、协助人们揭开基因之谜、改变当前医疗方式的一个有效的手段。现在的生物芯片中，也有一些产品能够诊断一些疾病，

▲图 12　电子显微镜下的人类 DNA 照片

▲图 13　*Science* 杂志上发表的中国科学家水稻基因组的工作

且非常快捷。

克隆技术是生命科学技术中大家非常关注的技术。我们知道，1996年，克隆羊“多莉”在英国罗斯林研究所诞生。“多莉”羊克隆成功以后，美国、英国、意大利等国的科学家们都着手进行了以不同高等动物的体细胞来借代孕母体的实验，就是用体细胞来克隆个体，繁衍后代。我们国家在克隆羊、克隆牛技术方面也走在世界前列。2002年3月，我国首批自主完成了成年体细胞克隆牛技术。然而，克隆技术的发展还任重而道远，还有许多科学问题有待解决。比如说“多莉”羊，它出生在1996年7月5日，按照一般绵羊的寿命推算，它的寿命应该是11~12年，但是由于它肺部感染，“安乐”死掉了。实际上，大家对于克隆动物的流产率高、早衰和生理异常等健康问题还有很多担忧。所以在克隆技术方面还有很长的路要走。另外，社会各界，包括科技界，对于克隆技术可能带来的社会伦理道德问题也有很多的讨论。我记得当初在克隆“多莉”羊成功之后，很多人探讨了克隆人的问题。但是如果真正做克隆人的话，可能会带来很多的社会伦理问题。比如说用本人的体细胞克隆出来一个人，跟他长得一样，那么跟他是什么关系呢？这又不是他的孩子，而是他自己的体细胞克隆出来的嘛。所以这也是一个需要认真研究和探讨的问题。目前世界各国都反对克隆人类。

生命科学和生物技术的新进展将促进器官移植技术的突破。我们知道，器官移植技术是现代医学的重要领域，现在每年都有很多病人要等待可以被移植的器官，而这些可被移植的器官又是非常短缺的。现在全世界需要做器官移植的患者每年正以15%的速度增加，有人也希望通过对动物的器官进行改性后移植。改性器官的移植关键是要解决好异体排斥问题。关于异体排斥的问题，最近科学家在小鼠试验中已经获得了某种成功。有的科学家也认为，可能猪的心脏与人的心脏大体差不多。如果说能克服异体排斥的问题，也许会为患者提供器官来源。现在还有一个提法，就是希望能够通过干细胞技术来培育出可供移植的器官。

在农业方面，农业生物技术主要是通过转基因技术，培育和改良新的作物品种，达到农作物的高产和高质。袁隆平院士的超级杂交水稻的工作举世瞩目。他创造了亩产1000多斤的世界纪录。

就信息技术而言,因特网目前正以比其他任何技术都要快得多的速度被人们所采用,并在当今世界经济发展中起着重要的作用。目前全球已经有6.6亿因特网用户,我们国家大约有5400万用户。另外,数字用户回路、电缆调制解调器及卫星通信线路技术的应用,也大幅度提高了因特网的连接速度,使网页的流通速度提高了将近100倍。因特网技术主要起源于美国最早的信息高速公路计划,美国的信息高速公路计划的推出大大促进了全球因特网事业的发展。

在光电显示器的应用方面,信息技术将向大屏幕、全平面化、数字式、超高分辨率、高亮度和对比度综合性能等方向发展。现在国外已经作出了柔性的显示屏,可以做电子报纸、电子书刊等,真正地实现了无纸化的办公。

在微电子和光电子技术基础之上发展起来的光机电一体化的微电子机械系统,具有体积小、重量轻、功耗低、成本低、可靠性高和功能性强的特点,目前科学家已经能够作出非常小的东西,包括可以操纵单个分子、原子及单个细胞的微型的镊子。图14是一个超大规模的集成电路芯片与一只虎甲虫的比较。

在计算机技术方面,为了获得更强大的信息处理能力，人们正在加速开发量子计算机、生物计算机以及光子计算机技术，这已经成为当今计算机研究领域的亮点。

美国已经研制成功了以5个原子作为处理器和内存的原理性器件。美国、英国和以色列的科学家，分别研制出了用DNA和RNA分子作为计算元件的生物分子计算机。IBM公司也要研制世界上最快的计算机，预计每秒运算速度将达到367万亿次，体积也会变得越来越小。中国科学院的计算所、曙光公司和上海的超级计算机中心共同研制出了首台实测速度超过10万亿次的计算机，它在目前世界的超级计算机中排第10位。这台计算机完全是由我们中国科学家自主研发的。中国计算机以前往往叫“有机无芯”，“无芯”就是指所有的关键性的计算机芯片都是从外国进口的。现在，中国科学院计算所也研制出了“龙芯”1号CPU和“龙芯”2号CPU，这表明中国已经初步掌握了当代CPU关键性的设计和制造

▲图14　一只虎甲虫叼着一个大规模集成电路芯片

技术。

下面我介绍一下纳米科技的情况。对于纳米的概念而言，很多人有不同的理解。北京电视台有一次在北京街头随机采访了几个人，问："你听没听过'纳米'这个名词呢？"他们都回答说听过。然后记者说：那请你说说"纳米"是个什么东西？有的人说可能是一种杂粮，大米、小米之后还有"纳米"嘛。实际上，中国科协组织过一次科普调查，说中国的老百姓能够说出三个最重要的高科技名词：一个是电脑，一个是基因，再一个就是纳米。知道"纳米"这个名词的人很多，但是知道它的含义的人并不多。我们知道，纳米是一个非常小的长度单位，它是10^{-9}米。那么为什么纳米会变成一门科学技术呢？关键是物质在纳米的尺度上有很多特殊的新现象、新效应。前一段时间，在市场上你会看到有一股"纳米"热，比如说有纳米冰箱、纳米洗衣机、纳米涂料、纳米水杯、纳米鞋垫，等等。有人发现，广州市曾经发生过一个关于"纳米水"的事情：说是广州有一家公司发现了"纳米水"，喝了它以后可以延年益寿、长生不老。然后就有人去投资，后来发现它是一家"三无"企业，完全是一个骗子公司。由于发生了造假事件，有人说"纳米"没有真的东西，全是假的。这也走向了另一个极端。所以说在有了一个"纳米热"现象以后，又有一个"纳米冷"现象。

我的观点是，把纳米技术当成“标签”或“花瓶”，肯定会损害我们应该认真培育的纳米技术市场。但如果我们否定纳米技术的意义和作用，则会造成决策失误，从而丧失发展的机遇。那么对于“纳米热”现象，我们应该正确理解纳米科技的内涵，促进它的健康发展。对于“纳米冷”现象，我们应该正确认清形势，迎接纳米时代的来临。

要想促进纳米科技健康发展，首先要弄清楚什么是纳米科技的真正内涵。实际上，“纳米”尺度的粒子古已有之，像中国古代的“徽墨”。如果只从尺度来衡量，爱因斯坦在做博士论文的时候，他所做的工作是测量糖分子的尺寸。他所研究的这个尺寸基本上是纳米量级的。如果仅以尺度大小来衡量是否属于纳米科技，爱因斯坦的导师会说：“爱因斯坦，你干脆就做纳米吧。”实际上，我们不能仅仅把纳米的尺寸当做纳米科技最主要的判断依据，关键的问题是研究在纳米的尺寸之下，它有哪些特殊的效应和相互作用，并利用这些特殊的效应和相互作用来制作具有特殊功能的产品。中国古代的花瓶就已经含有纳米的粒子，欧洲在19世纪时就已经制造出了金的纳米粒子。但那时候并不是叫纳米粒子，而是叫超微粒子。所以我们说纳米科技有几个关键的条件：第一个条件是肯定得有一个方向是1~100纳米；第二个条件是在设计过程当中，你要体现出一定的微观的操作控制能力；第三个条件是它们能组合起来形成更大的结构；第四个条件是它不仅尺寸小，而且它得有特殊优异的电子、化学、机械、光学和生物学的特性。所以，纳米科技是指在纳米尺度(1nm~100nm)范围内来研究物质的特性和相互作用(主要是量子的特性和相互作用)，以及利用这些特性的多学科交叉的科学和技术。它使人类认识和改造物质世界的手段和能力延伸到原子和分子层面。

美国对纳米科技非常重视，最早在全国推出纳米科技计划。从2005年到2010年，美国科技资助的优先领域第一是“反恐”，第二就是纳米科技。所以美国把纳米科技放到一个非常重要的位置上。

纳米科技的研究对象可以分为三个大的领域：第一个是关于纳米材料，就是制造和制备优异性能的纳米材料；第二个是设计、制备各种纳米器件和纳米装置；第三个是探测和分析纳米区域的性质和现象。

纳米科技时代，应该是纳米技术像当今信息技术那样对我们人类生活和生产方式产生广泛而深刻影响的时代。纳米器件的研制水平和应用程度是我们人类是否进入纳米科技时代的一个最重要的标志。

不是从事纳米领域工作的人，也能够理解纳米科技将来会给我们人类带来什么，我在这里举三个例子：第一个例子是纳米材料。就是说要发明、发现或者制造出一种纳米材料，这种材料的强度是钢的100倍，但它的重量只是钢的几分之一。那么这种强度高、重量轻的特殊材料，无疑会对我们的生产、生活产生非常重要的影响。第二个例子是纳米器件。目前，计算机领域中的微电子都是在微米的尺度下来设计、加工、封装出来的。现在，微电子要向纳电子进展，1纳米是千分之一个微米。利用纳米尺度的存储技术可以大大提高存储容量。前几年，去街上买VCD，那肯定是两盘VCD存一部电影，看完一盘后再换一盘看。现在变成了DVD，一盘DVD就能看一场电影。现在已经出现了纳米磁盘，就是说一盘DVD可以放20部电影。当然，这还没有真正达到纳米尺度上。如果达到纳米尺度，它真的可以提高成千上万倍。如果利用纳米技术使存储能力提高1 000倍，也就是说，它可以在一盘DVD盘上放1 000场电影。这样，你在家里就能够享受到在一个碟片上选择1 000部电影的乐趣了。再如，你利用纳米存储器，可以把整个图书馆全部藏书内容存到一块方糖大小的地方上去。第三个例子是在医药领域，就是利用纳米技术来进行疾病的早期诊断和治疗。人们希望能够通过它来检测出几个细胞大小的癌症。如果癌症的早期检测和诊断能够成功的话，则可以给我们人类带来很大的福音。

这是纳米科技发展的长远目标。

纳米科技的发展可能会经历五个阶段:第一个阶段就是要准确地控制原子数量在100个以下的纳米物质;第二个阶段是生产纳米结构物质;第三个阶段是大量制造复杂的纳米结构物质;第四个阶段是制造出纳米计算机;第五个阶段是能够作出动力源和程序自律化的元件和装置。每个阶段都有它很大的市场规模。到2010年之前,纳米技术可能发展到第三个阶段,最终要超过"量子效应障碍"。"量子效应障碍"是我们现在微电子向纳电子发展过程中所遇到的第一个障碍,它会影响到我们用现在的方法来继续把微电子向纳电子深入发展。

目前,美国硅谷已经建立了世界第一条纳米芯片的生产线,分子器件和纳米结构器件的研究水平已经接近了工业生产的基本要求;纳米医药的研究也取得了重大的进展;纳米过滤技术——高效过滤器在离子分离、海水淡化、水净化、燃料优化和药物纯化方面都有非常大的应用潜力。目前,已经设计出了更强、更轻、更安全、能够自我修复的纳米结构材料,比如空间探索微飞行器、爆炸物的检测,等等。现在虽然离纳米时代还有一段距离,但是目前世界各国确实对纳米科技都非常重视。中国在纳米科技研究方面,在世界上已经占了一席之地。

三、21世纪世界科技发展的趋势

从科学的方面来看,在21世纪初,能够像20世纪量子论和相对论那样产生革命性影响的思考还没有成熟,所以21世纪初可能不会产生像20世纪初那样的科学理论上的重大突破。从技术的方面来看,迄今为止已经产生了三次技术革命:18世纪中叶以蒸汽机应用为标志的第一次技术革命;19世纪70年代以电力应用为标志的第二次技术革命;20世纪40年代以电子计算机应用为标志的第三次技术革命。目前,第三次技术革命还远未结束,它将在21世纪初与生物技术的兴起合而为一,继续改变人类的生产和生活方式。

在21世纪,科技发展将呈现出以下几个趋势:第一是科学与技术的结构中心发生转化;第二是高度的数学科学化;第三是跨门类科学与技术整合化;第四是科学与技术一体化;第五是科学技术高度社会化、社会高度科学技术化。

在科学技术的发展历程当中,各门类的学科、技术总是处于一个不平衡的发展状态,少数学科、技术往往居主导地位,起着重要的支配作用,以至成为科学技术结构的中心,或称为科学革命的中心,并在不断地转化。最后科学与技术结构的中心也会发生转化。在21

世纪中叶，生命科学可能会发展成为新的科学革命中心。

目前，生命科学所面临的主要问题是：基因的表达和调控；蛋白质分子的折叠；生物大分子的结构与功能；细胞进行识别和防御的机制；生物体特别是神经系统的发育和工作机理；植物的光合作用。对于这些领域，我们还有很多深层次的问题没有解决，这是21世纪生命科学所面临的主要问题。

研究最复杂客体的心理学和认知科学将成为继生命科学之后的又一个科学革命中心。关于人脑的工作机理的研究将是21世纪认知科学的前沿。

21世纪初期，新的技术革命中心仍然是信息技术，它将成为21世纪影响最为广泛的技术。在信息技术方面的前沿重点是高速宽带智能化的综合数据网、语言文字识别和机器翻译技术、多媒体技术、虚拟现实技术。

生物技术将成为继信息技术之后新的技术革命中心。基因工程、发酵工程、酶工程和细胞工程技术将对21世纪的世界产业产生巨大的影响。

纳米科技是未来信息科技与生命科技进一步发展的共同基础，并将成为21世纪经济发展的发动机。

21世纪也是高度数学科学化的世纪。在新世纪的科学技术当中，数学科学化程度将会日益增强，尤其是理论科学将高度数学科学化。同时，数学还将向社会学、经济学、管理科学、哲学和思维科学等领域渗透。

21世纪的科学技术还有一个发展特点就是跨门类的科学与技术整合化。在整个科学技术的结构当中，最大的门类是自然科学和社会科学、物质技术和社会技术。这些跨门类的科学和技术必将在更深的层次上交叉融合。20世纪60年代兴起的世界性的环境与发展运动，促使自然科学与社会科学走向大综合。这种跨门类的科学和技术的整合化对于建构新的哲学认识论和方法论具有重要的意义。

第四个特点就是在21世纪，科学与技术一体化的趋势将会增强，即科学子系统之间会发生相互作用而产生整体效应，并显示更多的社会功能，对人类社会的发展将产生巨大的推动作用。生命科学技术可能成为科学与技术一体化的一个杰出的代表。

四、21世纪我国科技发展的战略与政策

党的十六大报告提出，我们要在21世纪头20年，集中力量，全面建设惠及十几亿人口的更高水平的小康社会，使经济更加发展、民主更加健全、科教更加进步、文化更加繁荣、社会更加和谐、人民生活更加殷实。

当代科技发展呈现出的特点就是人才短缺问题的加剧。世界范围内人才争夺战更加激烈，也出现了一些

新的动向。各个国家都在争夺优秀的人才。我们知道，回顾20世纪科技的发展历程，科技的竞争已成为国家间综合实力竞争的决定性因素。在21世纪，这个趋势会更加明显。所以，我国的科技发展要为全面建设小康社会提供强大的科技支撑。我们在科技创新和发展中将面临着一系列的挑战。

在新世纪，我国科技发展的战略目标就是在2010年前后，要基本完成国家创新体系的建设，在若干重要的科技领域占有一席之地，为我国经济发展、国家安全和社会进步提供有力的科技支撑；向社会不断输送创新人才和高素质的知识劳动者。到建党100周年前后，初步实现科学技术的现代化，科技整体水平达到世界科技强国的中等水平；自主创新能力和科技竞争力大幅度增强，取得一批具有自主知识产权的重大创新成果，为我国早日实现现代化提供强大的科技支撑。到建国100周年前后，也就是到21世纪中叶，要实现科学技术现代化，我们的科学水平要跻身于世界强国前列；我们的科技创新能力要成为我国综合竞争力当中最具优势的重要因素之一。在很多领域，我们要采用加强引进技术的消化吸收和集成再创新的办法，尽快实现引进技术的本土化。

在具备条件的某些产业或产业发展的某些阶段，加强关键技术创新和系统集成，来实现跨越式发展。同时,我们要加强基础科技研究和重要的高技术领域前沿的部署和布局,加强原始性的科学创新,尤其要发展信息科学、生命科学、物质与材料科学和交叉科学等重点领域,同时我们要着力解决一些科技体制改革的问题,加强国家创新体系的建设,加强市场化改革的进程。同时,我们要提高全民族的科学文化素质,要建立一个创新的科学文化体系,这是非常重要的,要营造一个“尊重科学、尊重人才、尊重创新”的氛围。

现在,国家正在制定我国科学技术中长期发展规划,已经组织了上千名科学家和管理专家在工作。这个规划的制定,毫无疑问,将对我国今后一个时期科技的发展指明了奋斗的方向。

我在今天的报告当中,首先回顾了过去100年在科学和技术上所取得的重大成就,以及对经济社会发展的贡献,这印证了邓小平同志的英明论断:“科学技术是第一生产力。”第二,我讲了21世纪科技发展的趋势,以及信息科技、生命科技、纳米科技前沿领域的发展,提出了新世纪科技发展的目标。我知道,我们今天在座的来宾们、老师们、同学们,并不全都是从事自然科学研究的,所以我今天这个报告只是给大家一个基本的概况,主要是关于科学技术的重要性,以及科学技术的发展对我们经济社会可能产生的一些重大的影响。我相信,经过我们大家共同的努力,我们一定能够通过科技创新,为全

面建设小康社会目标的实现起到支撑、保障作用。

院士答疑

问：尊敬的白院士，我对纳米技术并没有十分深入的理解，但我很希望知道两个问题：第一，纳米科技对于您来说，是一种事业、一种理想，还是您本人的一种兴趣？第二，您作为化学专家，对我们学文科的同学有什么建议？

答：我所从事的纳米科技领域的研究，是一门新兴的前沿的交叉科学技术，在1990年前后，它才算正式诞生了。在我求学的时候，并没有纳米科学一说。我大学本科学的是化学专业。我现在基本的研究领域还是在化学领域。但纳米科技实际上是物理、化学、材料、生物、电子等很多学科的一个综合交叉领域。我对纳米科技的研究，既是一种兴趣，也是一个工作领域。为什么呢？因为，第一，我是从事这个领域研究的。在这个领域，我作为一个科学家，有科学家自己的理想和追求，希望在纳米科技领域能够有所发现，有所贡献，所以这是我的一项事业。但同时也是我的一个理想。我一直有一个观点，就是做科学研究的，我们没有什么8小时之外。也就是说，大部分时间都用在科学问题的探讨上。对于科学的研究，如果你不能集中很大的精力来做，把它仅仅当做一种谋生的手段，没有兴趣的话，工作肯定做不好。所以我觉得，做科学研究，应该把你所追求的科学目标，不仅作为你的一种事业，也作为你的一个兴趣所在，和你的理想追求，和你的工作目标，紧紧结合在一起。我想，这是对刚才那位同学的第一个问题的回答。

第二个问题是关于社会科学和自然科学的问题，其实我对文科也有自己的一些爱好。今天有一个记者采访我，他从网上查到我小时候有一个理想，就是想当一个作家，或者当一个新闻记者。我念小学的时候，老师问我将来做什么，当医生还是工程师？我说自己想当一个作家。所以我在小学三年级的时候就开始读小说。后来读到大学才开始从事自然科学研究。我很热爱自然科学，但我对文科也没有失去兴趣。我自己在业余时间也看一些非专业领域的书。我也要求我的学生，你们学理工科的，要懂一些文科知识。为什么呢？因为学理科的同学，如果仅仅是数理化学得很好，但是文科基础不好，他将很难成为一个优秀的科学家。例如中文基础不好，你写一篇科学论文，可能文理不通，可能逻辑性不强，可能重点不突出，甚至标点符号都有可能是错的。有的大学教授要求学理工科的学生一定要学一些古文，什么《论语》、《大学》、《老子》都要学。实际上，我们有很多科学家，他们在文学、音乐方面都有很深厚的修养。

再如哲学，实际上它也是一个辩证法，学好这个辩证法，对你学习理科知识，提升思辨能力也很有助益。所以我想，学理工科的学生，需要进行文科知识的训练和培养。同时，对于学文科的学生，我希望你们对自然科学知识也应该有所涉猎，尽管不要求像自然科学家那样很深很专，但是应该能了解一些世界科技发展的最新动态。比如说你学法学，将来你要当一个律师，或是法官，在你的判案当中，可能会涉及知识产权的问题，涉及一些专利的问题，还有关于公司的技术纠纷等问题，涉及科学技术方面的专有名词。如果你都不懂的话，将很难以胜任律师或法官这种职业。所以说，我希望学文科的同学也能够了解一点儿自然科学方面的东西。对自然科学本身的发展的认识，需要有一个理性的思维，需要有一个辩证唯物主义的思想方法。如果你学了这方面的知识以后，可以减少一些对于未知的自然现象可能产生的困惑。

问：尊敬的白院士，我想问您两个问题：一是在您成功的过程中，您觉得留给您印象最深的事情是什么？二是您在美国和日本留过学，您觉得您最大的收获是什么？我们国家与发达国家的差距，最主要的问题是什么？

答：首先，我不认为我自己很成功。但回顾自己所走过的路，我有很多的感触。这些感触不是仅仅用一件事情能够说明得了的，但是我觉得至少有以下几点：第一，我觉得我们每个人在年轻的时候，都应该能够珍惜宝贵的青春时光，为将来的发展奠定基础。中国科学院第一任院长是郭沫若，我看过他的自传——《沫若自传》，里面有一句话给我印象很深刻。他说，一个人的路往往会被一个偶然的契机所左右。这确实是一个不可否认的小小的真理。每一个人成长的路，从表面上看，会有一些偶然的机遇影响你今后的发展。你们回顾一下自己走过的路，当时上小学，怎么考上中学，又怎么考上大学，然后读研究生？这里面有很多机遇。那么你如何把握机遇？机遇不等待没有准备的人。你要有所把握，才能够抓住机遇。你要有所收获，就需要去付出；没有付出就没有收获。我想，这是我自己感受最深的一点。我自己的经历和你们不一样，我曾经上山下乡，在内蒙古生产建设兵团当过兵团战士、卡车司机。那时候，我们都失去了继续求学的机会。尽管我在小学、中学的学习成绩一直不错，曾担任过少先队大队长、学习委员等，但是我们中学毕业以后，就没有直接考大学的机会，全部都上山下乡去了。我自己到了内蒙古，在塞外屯垦戍边，当了四年不戴领章帽徽的解放军。那个时候，大家对前途都很渺茫，究竟我们将来怎么办？干什么？不知道。那时候看奥斯特洛夫斯基写的《钢铁是怎样炼成的》。书上有一句名言大家都能记得住：当你回首往事的时候,不会因为碌碌无为而悔恨,不会因为虚度年华而羞愧。我们当时谈起这句名言的时候,都很激动,都想奋发努力,但往往又都是只有五分钟的热度。大家都说,我们明天应该学点东西。但是谈完之后,第二天又忘了,还是依然故我。那时候我倒是能够抓住一些时间,晚上抽空看看书,补一补一些课程。最后我有机会上了北京大学。从北大毕业那年是1978年,正好赶上"文革"后第一届研究生的招生,由于在北大读书的时候学习还算努力,因而我又考上"文革"后的第一批研究生。那时候研究生的报考竞争也非常激烈,大都是"文革"以前的毕业生。我当时研究生入学的时候,我们班里有1960年大学毕业的,也有1961、1962、1963、1964年大学毕业的。我们报考中科院化学所的研究生一共有500多名,最后只录取了25个人,竞争很激烈。但我还是觉得自己当初抓住了机遇——因为机遇对每个人都一样,关键是自己有了准备,才考得上研究生。自己不好好学习,肯定考不上。后来我到了美国留学,我在美国最早做的工作也不是做现在的纳米科技的工作,而是一个与我化学博士论文相关的工作。但是我后来看到一个美国教授从事扫描隧道显微镜的研制,它和纳米科技息息相关,能促进纳米科技的发展。当时中国没有人懂这个,也没有人做这个。我觉得自己做这个工作对于我们国家的科技发展非常有用,而且需要的投资也不是很多,我回国以后可以很快地把这项研究开展起来,所以我后来决定回到国内发展,这样又有了一个很好的机遇。我们每一个人,首先第一点,就是不管外界有没有压力,你自己都要树立一个理想和追求。没有了理想和追求,你就会失去人生的方向。第二点就是,既要有理想、有追求,还要踏踏实实地去努力、去拼搏,人生能有几回搏。你要想去拼搏,就要注意抓住机遇。机遇怎么抓住呢?机遇不等待没有准备的人。所以只有当你有了一定的基础,才能够抓住机遇。第三点就是,你在确立自己的理想和追求的时候,应该和国家的大的需求结合在一起。为什么呢?就是如果国家的需求与你的理想和追求目标一致的话,那么它就会给你提供更大的发展空间和舞台,这也是你的理想和追求目标能够得以实现的一个基本的保证。我自己最大的感受和收获就是这样:没有付出就没有收获;自己要有理想、有追求,平常要奠定自己抓住机遇的基础。这关键还是要靠你自己不断地努力。

那位同学问的第二个问题就比较宽泛了,我们与发达国家的差距可以从科技、经济、社会各方面进行比较。我自己觉得,可能还是关于教育方面的差距比较大。我感觉到在我们国内,往往灌输式的教育比较多一点。比如说从小学到中学,基本上是我们需要死记硬背书本上的东西比较多。在考试的时候,你只要能背,背的功夫好，你就能考出比较好的成绩来。所以中国的学生到美国以后，可能每个人的考试成绩都会不错，因为你用功、能够背。但是我们的动手能力、创新能力、怀疑精神就不够。关于这一点，从下面这个例子中就能够看出来。以前，我们要请一个外国专家到中国来做一场学术报告，这个外国专家用英语讲完以后，通常会问大家有没有问题。在国外，你要是问一个外国专家问题，他会非常高兴，他觉得自己讲的内容得到了大家的反响。如果大家没有任何反应，他会觉得自己的演讲不成功。因而他们都希望大家有更多的问题问。可是我们中国的学生往往都不敢问问题。一个原因是怕自己英语说不好，别人会笑话；第二个是怕自己问的问题很愚蠢，会被外国人笑话，这是面子的问题。但是在国外，这种勇于提问的精神、怀疑精神是非常重要的。我觉得在这一点上，我们中国学生跟外国学生相比，还是有很大的差距。

另外一个方面，就是中国学生和外国学生在学习的方式上也不太一样。你比如说做科研工作吧，我们由于生产力水平的限制、经济水平的限制，在做科学实验时，往往进口的仪器设备不敢让学生去动，怕弄坏了，必须由专业人员帮你做实验，这样学生的动手能力得不到提高。但是在国外，很多实验都是靠学生自己去动手。外国老师在教学的时候也与中国不一样，他们往往没有一个标准的答案。老师可能会出一个题目，让学生自己到图书馆查资料，自己做社会调查，自己写出一个报告来，然后老师可以根据学生的报告，给出不同的答案，给学生不同的分数。没有一个标准答案，可以鼓励一种创新的精神。在这一方面，我觉得我们中国的学生还是需要得到锻炼和加强的。我想，要说其他方面的差距，还有很多。但是我觉得，这种教育方式可以培养我们的自信心，培养我们的怀疑精神，提高我们的动手能力和创新能力，这些方面确实是我们应该得到加强的。

问：从小以来，我一直在思考：人体是由无数个粒子组成的，并且从无机粒子过渡到有机粒子，而有机体是有生命的，有思维的，那么我想知道生命的本质到底是什么，无机粒子的运动规律是否由某一个人体内的规律所指导？如果是，那么这一指导规律在外界生活的影响下会不会改变？

答：这位同学要问一个关于科学的问题。他的问题是，人是由很多无机粒子构成的，然后，无机粒子向有机粒子怎么过渡，怎么形成生命，大概是这个问题，对吧？我跟你讲，人体不是由无机粒子构成的，主要是由生物分子和有机分子构成的。构成一个人体的元素种类并不是很多，主要是碳、氢、氧，还有少量的金属元素而已。原子与原子之间、分子与分子之间形成了特别的化学键，靠这些原子和分子间的各种相互作用组成细胞，并具有自我复制、自我识别等功能。生物体是一个非常复杂的系统。如果你要分析一个人，分析一个土豆，分析一种动物，分析一种植物，或分析泥土，从化学元素种类来说，差别不是很大。最关键的原因在于这些元素的结合方式不一样，因而功能大不相同。如果我们仅仅从薛定谔方程出发，仅仅研究一个单个的粒子、单个的原子，利用它的运动方式来描述生命的话，肯定是描述不了的，因为它涉及一个系统的问题，这个问题是一个很复杂的问题。

问：日本、印度都有诺贝尔奖获得者，而我们中国至今也没有人获此殊荣。目前，中国在哪个领域最有希望获得诺贝尔奖？还要多久？我想请问一下您的看法。

答：这个问题，我觉得你们最好是在明天晚上来问。因为诺贝尔奖获得者杨振宁教授明天晚上也要在这里做报告，你们问他，他的回答可能会更有权威性。但是我可以讲这么一个观点，应该说是中国人获得了诺贝尔奖，因为杨振宁、李政道获奖的时候还是中国国籍，但他们的工作是在国外做的。如果在中国本土上所做的工作能够获得诺贝尔奖，那么我想，这肯定会有助于振奋民族精神的，这是代表一个国家的荣誉。杨振宁先生对这个问题持一个比较乐观的态度。他认为在生命科学领域可能会有更大的机遇和突破。但是，诺贝尔奖的获得可遇不可求，获得诺贝尔奖不是由自己决定的。

我们不能把获得诺贝尔奖当做我们科学技术发展的唯一目标。如何提高我们整个国家科学技术的创新能力和竞争能力，这才是最重要的。重大的科学发现需要一定的基础和氛围，我们知道，现代科学没有在我们中国诞生。中国刚解放的时候，基本上没有什么科学技术基础，很多东西要靠进口，比如说火柴叫洋火、钉子叫洋钉，等等。新中国建国几十年来，应该说科技得到了突飞猛进的发展。但是在“文化大革命”时期，知识分子创新的积极性受到了很大的压制。改革开放以后，国家的支持力度才不断地增强。现在的条件比原来好了很多，我只能说，我们中国科学家有信心、有能力，不断地去拼搏、去努力，争取作出达到诺贝尔奖水平的工作。另外，我要补充一句，你们知道，从科学家（或文学家等）作出的工作到他获得诺贝尔奖，中间至少需要10年、20年甚至更长的时间，因为他的成果要有一个验证的时间。不可能说你今天做了这个工作，明天就会获奖。很多获诺贝尔奖的科学家获奖时都七十几岁了，那些杰出的工作成就可能还是他在当研究生、博士后时期做的。据统计，大部分诺贝尔奖获得者作出重要成果时的年龄在30岁至40岁时居多。所以，青年是取得这种原始性创新突破的最有活力的一个群体。我也寄希望于从事理工科研究的同学们，在你们的青年时期要敢于创新，勇于创新，为我们中国将来获得诺贝尔奖奠定基础。

爱因斯坦在专利局任职时的照片

百年物理学的启示

路甬祥

一、实验与理论之间的矛盾催生新概念
二、重大科学突破始于凝练出科学问题
三、科学想象力需要严谨的实验证据支持
四、自然科学需要数学语言
五、新仪器的发明为科学打开新的窗口
六、物理学与生命科学的相互作用
七、社会需求的拉动以及科学与技术的互动
八、物理学的魅力及其未来

【作者简介】路甬祥，流体传动与控制专家。中国科学院原院长，浙江大学教授。籍贯浙江慈溪，1942年4月28日生于浙江宁波。1964年毕业于浙江大学。1981年获德国亚琛大学工程博士学位。1990年当选为第三世界科学院院士。1991年当选为中国科学院学部委员（院士）。

在前人的基础上创造性地提出“系统流量检测力反馈”、“系统压力直接检测和反馈”等新原理，并应用于先导流量和压力控制器件，将此技术推进到

一个新阶段,使大流量和高压领域内的稳态和动态控制精度获得量级性提高。运用这些原理和机电液一体插装技术相结合,推广应用于阀控、泵控和液压马达等控制,研究开发了一系列新型电液控制器件及工程系统。该技术被认为是20世纪80年代以来电液控制技术重大进展之一。主持开发研究的相应的CAD、CAT支撑系统,被广泛应用于中国工业部门。

100多年前，爱因斯坦在伯尔尼狭小而简陋的公寓里写下了十几篇科学文章，其中的五篇论文成为科学史上著名的论文，它们分别是：讨论光量子以及光电效应的《关于光的产生和转化的一个启发性观点》，推导计算分子扩散速度数学公式的《分子大小的新测定》，提供原子确实存在的证明的《关于热的分子运动论所要求的静止液体中悬浮小粒子的运动》，提出时空关系新理论的《论动体的电动力学》，以及根据狭义相对论提出质量与能量可互换思想的《物体的惯性是否决定其内能》。特别是作为相对论奠基之作的《论动体的电动力学》，拉开了近代物理学革命的序幕。

这场以量子论和相对论为基础的近代物理学革命，

阿尔伯特·爱因斯坦
(Albert Einstein)
(1879—1955)

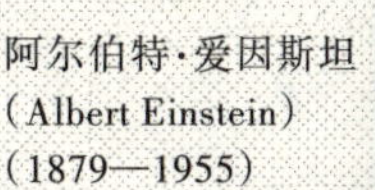

关于光的产生和转化的一个启发性观点
——讨论了光量子以及光电效应

分子大小的新测定
——推导出计算分子扩散速度的数学公式

关于热的分子运动论所要求的静止液体中悬浮小粒子的运动
——提供了原子确实存在的证明

论动体的电动力学
——提出了时空关系新理论

物体的惯性是否决定其内能
——根据狭义相对论提出了质量与能量可互换思想

▲图1

将科学引入到一个新的时代。由此,人类认知的触角伸向广袤的宇宙,伸向遥远的宇宙起源,伸向人类在此之前所未知的微观物质层面。近代物理学革命在以后的岁月里还引发了生命科学的革命。这一切改变了人类的物质观、时空观、生命观和宇宙观。而且,近代物理学革命催生出核能、半导体、激光、新材料和超导等物理技术,促进了一批新技术的飞速发展,并借此改变了人类的生产和生活方式,将人类推进到知识经济时代。

爱因斯坦等近代物理学革命的缔造者,无疑是科学史上乃至人类历史上的划时代伟人。我们纪念他们,回顾100年来物理学的发展历程,并不仅仅是为了感念和追思,更重要的是要从他们的成就与发现历程中汲取可贵的启示与经验,以对我们把握科学的未来与发展有所裨益。

一、实验与理论之间的矛盾催生新概念

19世纪末,人们还陶醉于经典物理学的解释,甚至有人认为,物理学已无大事可做。但是,就是在这种情况下,一些物理现象的发现,开始预示着经典物理学解释的局限性。

冶金工业的迅速发展所要求的高温测量技术推动了关于热辐射的研究,19世纪中叶的德国成为这一研究

的发源地。所谓热辐射就是物体被加热时发出的电磁波，它很强地依赖于物体自身的温度。麦克斯韦的电磁场理论把光作为电磁现象囊括在其中，但它只能解释光的传播，而对于热辐射的发射和吸收则无能为力。基尔霍夫提出用黑体作为理想模型来研究热辐射(1859)，维恩确认可以将一个带小孔空腔的热辐射性能看做一个黑体(1896)。一系列的实验表明，这样的黑体所发射的辐射能量密度只与其温度有关，而与其形状及其组成物

热辐射现象的发现，对经典物理学理论提出诘难

麦克斯韦 (James Clerk Maxwell, 1831—1879) 的电磁场理论只能解释光的传播，而对于热辐射的发射和吸收则无能为力

基尔霍夫 (R. G. Kirchhoff, 1824—1887) 提出用黑体作为理想模型来研究热辐射(1859)

维恩 (W. Wien, 1864—1928) 确认可以将一个带小孔空腔的热辐射性能看做一个黑体(1896)

▲图2

质无关。怎样从理论上解释黑体能谱曲线,成了当时热辐射研究的根本问题。维恩根据热力学的普遍原理和一些特殊的假设,提出了一个黑体辐射能量按频率分布的公式(1896),普朗克就是在这个时候加入了热辐射研究。

为了解释黑体辐射光谱的能量分布曲线,普朗克在1900年给出了一个与实验结果非常吻合的公式。然而,这个公式要求黑体辐射所发射或吸收的能量是确定大小的能量子,这就意味着能量也像物质一样具有粒子性——能量的分离性或不连续性。1905年,爱因斯坦把能量子的概念推广到光的传播过程中,提出了光量子理论,并成功地解释了光电效应。1913年,丹麦物理学家玻尔(N. Bohr,1885—1962)又把能量子的概念推广到原子,以原子的能量状态不连续假设为基础,建立了量子论的原子结构模型。德国物理学家海森伯(Werner Karl Heisenber,1901—1976)不满意玻尔原子理论的不自洽,直接从光谱的频率和强度的经验资料出发,于1925年提出矩阵量子力学。第二年,奥地利物理学家薛定谔(E. Schödinger,1892—1961)改进了德布罗意(L.V.de Broglie,1892—1994)基于波粒二象性的物质波理论,提出了波动量子力学。而后的研究进展不仅证明矩阵和波动两种量子力学的数学等价性,而且美国物理学家费恩曼(R. P. Feynman,1918—1988)又发展出第三个等价物——路径积分量子力学。由此,量子理论趋于完善。

正是热辐射这一疑难成了量子论诞生的逻辑起点。作为能量的“量子”概念诞生在1900年,它的提出和推广导致描述微观粒子运动的量子力学在20世纪20年代形成,并进而与狭义相对论结合,发展出描述微观粒子产生和湮没的量子场论。量子场论的发展经历了经典量子场论(对称的)、规范量子场论(非对称的)和超对称量子场论三个阶段,不仅揭开了肉眼看不见的微观世界的秘密,并且加深了人类对宇宙演化的理解,革新了人们认识世界的方式,而且还带来了一系列重大的技术突破。

我们从对黑体辐射的实验研究到量子理论的提出可以认识到,科学归根结底是实证知识体系。一旦理论与严密的实验结果不一致,无论这种理论的权威性有多高,无论这种理论得到多少人、多少年的信奉,作为科学家,都有理由去怀疑理论本身。同时,我们还认识到,科学探索的最终结果是对发现的自然现象作出理论解释,而做到这一点,不仅需要有严谨的科学态度、理性的质疑精神,更需要有深邃的思考能力和缜密的分析能力以及理论的思维能力。

二、重大科学突破始于凝练出科学问题

爱因斯坦提出的相对论是一种崭新的时空观。相对论的关键科学问题在于同时的相对性。相对论合理地解释了时间与空间相联系、空间与物质分布相联系、物质和能量相联系，改造了牛顿以来的经典物理学知识体系，不仅与量子力学一起构成了20世纪物理学发展的基础，而且把人类对自然的认识提升到一个全新的水准，深刻地影响了人们的思维方式和世界观。

相对论的创立源于作为电磁波假想载体“以太”的危机。美国物理学家迈克尔逊（A. A. Michelson，1852—1931）于1887年公布的实验报告《关于地球和光以太的相对运动》表明，在牛顿力学领域里普遍成立的相对性原理在麦克斯韦电磁场理论中不成立。荷兰物理学家洛仑兹（H. A.-Lorentz，1853—1928）和法国物理学家庞加莱（J. H. Poincaré，1854—1912）等都

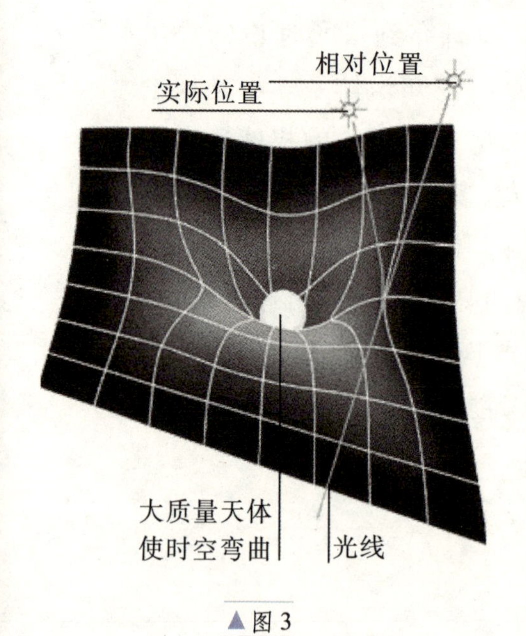

▲图3

想在保留以太假说的基础上解决这一矛盾；洛仑兹通过引入“长度收缩”(1892)、“局部时间”(1895)和新的变换关系(1904)，证明了在一级近似下，地球系统与“以太”遵循相同的规律；而庞加莱提出的相对性原理(1904)和洛仑兹提出的变换群(1905)则强调相对性原理的普遍有效性。虽然他们两人的工作已经不自觉地偏离了经典物理学的框架，并且实质上是在叩打相对论的大门，但创立相对论的重任还是留给了爱因斯坦。

爱因斯坦的成功不仅在于他把电磁场看成独立的物理存在，并认为以太假说是多余的，更重要的是，他提出了“同时的相对性”这一关键的科学问题。爱因斯坦在《论动体的电动力学》(1905)中，通过严密分析后指出：同一地点发生的两个事件的同时性是不依赖于观察者的，而异地发生的两个事件的同时性则是依赖于观察者的，只有指明相对哪个观察者而言才有意义。同时，这种相对性，我们在日常生活中几乎观察不到，观察者的运动速度只

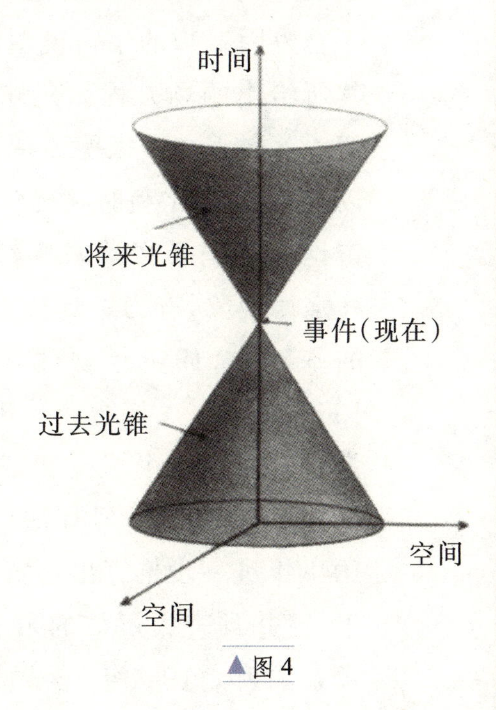

▲图4

有接近光速才能发现。爱因斯坦借助于同时的相对性概念，通过光速恒定和相对性两条原理，推导出狭义相对论的主要结论。它的进一步发展是广义相对论(1915)和统一场论。爱因斯坦以其相对论研究的三部曲向物理学的同行展示了他非凡的科学思维创造力。

三、科学想象力需要严谨的实验证据支持

1915年，爱因斯坦发表了《根据广义相对论对宇宙学所作的考察》，这篇论文标志着现代宇宙学的诞生。尽管爱因斯坦的宇宙模型沿袭了牛顿的静态宇宙观，但其所给出的场方程却允许宇宙动态解的存在。1917年荷兰著名天文学家德西特、1922年俄国数学家弗里德曼以及1927年比利时物理学家勒梅特先后提出了膨胀宇宙论。美国天文学家哈勃(1889—1953)所观测到的红移定律现象，有力地支持了膨胀宇宙论。在膨胀宇宙论的基础上，1946年物理学家伽莫夫(G. Gamov，1904—1968)通过引入核物理学知识，提出了大爆炸宇宙论，认为宇宙源于一个温度和密度接近无穷大的原始火球的爆炸。他的学生阿耳法(R. A. Alpher，1921—　)等在1948年进一步推算出宇宙大爆炸发生在150亿~200亿年前，并预言大爆炸的余烬在今日应表现为5K的宇宙背景辐射。1964年，美国的两位电讯工程师彭齐亚斯

德西特(1878—1933)

弗里德曼(1888—1925)

勒梅特(1894—1966)

伽莫夫(1904—1968)

▲图5

(A. A. Penzias, 1933—　)和威尔逊(R. W. Wilson, 1936—　),在研究卫星电波通信时发现来自宇宙各个方向的强度不变的背景微波辐射,这种微波辐射正好相当于3.5K的黑体辐射。这一发现被认为是证实了大爆炸宇宙学背景辐射的预言。随后大爆炸宇宙学开始兴起,并且发展成为宇宙学的“标准模型”。

早在20世纪初,爱因斯坦就把地球磁场的起源列为物理学五大难题之一。直到地震波方法确认了地球圈层结构以后的20世纪60年代,人们才提出"自激发电机"假说,而它的科学认证却要等到1995年核—幔差异运动的证据发现以后。对固体地球内部结构了解的进展主要借助地震波方法,通过对穿透地球内部之地震波速度变化的分析,逐渐形成了关于地球的圈层结构概念。克罗地亚地球物理学家莫霍洛维奇(A. Mohorovičić,1857—1936)发现了地壳与地幔的分界面(1909),德裔美国地震学家古登堡(B. Gutenberg,1889—1960)发现了地幔与地核的分界面(1914),雷曼(I. Lehmann)发现了液体外地核和固体内地核之间的分界面(1936),布伦(K. E. Bullen)提出地球的分层模型(1940)。核—幔旋转差异运动是为解释地磁场的起源而提出的一种假说,后来又被用来作为解释地磁极性倒转的一种机制,但一直没有找到直接的科学证据。在美国哥伦比亚大学工作的宋晓东和理查兹(Paul G. Richards),通过对1967—1995年靠近南极的南美桑威奇群岛附近发生的38次地震记录的分析,测量了通过地球内核传到靠近北极的阿拉斯加的克里奇地震台的地震波速度,发现30年间南极发生的地震波到达北极所需的时间快了0.3秒。由此直接证实了地球内核比地壳和地幔转得稍快,大约三四百年内要多转一周。这一发现得到中国另一旅美学者苏维加博士和美国地震学家杰旺斯基(Dziewonski)的肯定。他们通过对全球约2000个地震台的地震数据进行分析得出了类似的结论,按照他们的计算内核自转速率还要快些,在1969—1973年间就转过20~30度。

我们从爱因斯坦的相对论、宇宙大爆炸理论和地球磁场理论的提出与完善过程中可以看到,在科学的发展中,解决问题固然重要,但提出有价值的科学问题似乎更重要。提出问题是科学研究的前提,提出有价值的科学问题更能昭示科学所蕴涵的创造性。有时,一个有价值的科学问题的提出甚至能够开辟一个新的研究领域和方向。提出问题,需要对已有知识的透彻理解,需要热爱真理胜过尊重权威的科学态度,需要极强的观察和洞察能力以及创造性的思维能力,同时还需要敢于创新的勇气和信心。

四、自然科学需要数学语言

近代物理学的书写语言是数学。德国天文学家开普勒(J. Kepler,1571—1630)用代数方程总结出行星运动的三定律(1609—1619),被誉为世界第一位数学物理学家;意大利物理学家伽利略(G. Galilei,1564—1642)以几何学方法论证落体运动定律(1638);牛顿(I. Newton,1642—1727)的著作《自然哲学之数学原理》(1678),把数学化树立为近代科学成功的标志。18世纪天体力学的主要进展多是靠数学方法取得的。19世纪实验开始上升为物理学的重要方法,实验物理学的数学化成为19世纪的特征。革命导师马克思甚至认为,只有当一门学科成功地运用了数学时才可以被认为是成熟了的学科。

在20世纪,物理学与数学的紧密关系远非其前的三个世纪所能比,并且越来越显示出数学与物理学的内在一致性。例如,非欧几里得几何学与广义相对论、希尔伯特空间与量子力学、微分几何学与规范场论,这一切都预示着似乎数学早就提前为物理学准备了它所需要的工具。另一方面,物理学不仅使数学家们面临大量新的数学问题,而且能够引领着他们朝着梦想不到的方向前进。物理学家狄拉克(P. A. M. Dirac,1902—1984)和费恩曼提出的路径积分与泛函的内在联系,使得费恩曼积分的严格数学成为21世纪重要的数学问题之一;统计物理学与概率数学的内在联系,逐渐使得相变数学理论成为统计物理严格数学基础的核心问题之一。今天,我们对生命科学的数学化要有充分的思想准备,数学与生命科学的关系必将随着理论生物学的成长而越来越密切。不仅生命科学要去利用那些为描述生命现象提前准备了的数学工具,数学也要沿着生命科学提出的那些数学未曾梦想到的方向前进。

数学与物理学结合的一大杰作是电子数字计算机，计算机使得物理学实现了数学提供的计算原理。英国数学家图灵(A. M. Turing,1912—1954)提出机械计算模型(1936),美国数学家香农(C. E. Shannon,1916—2001)提出用布尔代数分析复杂的开关电路(1938),美国数学家维纳(N. Wiener,1894—1964)提出，自动计算机应采用电子管的高速开关组成逻辑电路，以进行二进制加法和乘法的数字运算(1940),匈牙利裔美国数学家冯诺依曼(J. L. von Nouman,1903—1957)提出计算机的内存程序理论(1945)。在这些思想的指导下，人们研制出数字电子计算机。电子计算机经过电子管、晶体管、集成电路等阶段，发展成能让广大公众普遍应用的个人电脑。电子数字计算机是一种延扩人脑的机器，它是数学与物理学结合的产物，而它的产生又对数学和物理学产生了巨大的影响，产生出物理学的数学实验。我们有理由期

▲图6　数字电子计算机

待数学与生命科学结合的生物计算机，并通过它理解人的大脑运作等诸多生命活动的复杂规律。

五、新仪器的发明为科学打开新的窗口

人类最早用眼睛观察，后来出现了光学望远镜和显微镜。它们在20世纪分别发展为射电望远镜和电子显微镜。但20世纪发明的最重要的仪器是粒子加速器和电子计算机。加速器是人类认识微观世界的工具，电子数字计算机则成为人类智力的重要辅助工具。已知的射电、红外线、紫外线、X射线和γ射线，都是电磁辐射，但我们对于缺乏电磁辐射的暗天体还无法观察。射电望远镜看到了中子星，通过对脉冲双星的轨道10年(1974—1984)变化的观察，人类间接地证明了引力波的存在。

科学家们依靠放射性物质和来自宇宙空间的高能粒子，对一些原子核内部的物质特性进行了探索，发现了μ介子、π介子和K介子等重要的粒子。加速器的发明使人类深入到缤纷的粒子世界。随着倍压加速器、静电加速器、回旋加速器、同步回旋加速器、等时性回旋加速器和对撞机的相继发明，安装在长岛、伯明翰、伯克利、杜布纳和萨克雷的加速器先后运转，自加速器产生π介子以后，许多新粒子相继被发现。20世纪60年代

加速器发明的历程

- 倍压加速器(1932年)
- 静电加速器(1933年)
- 回旋加速器(1932年)
- 同步回旋加速器(1946年)
- 等时性回旋加速器(1956年)
- 对撞机(1956年)
- 长岛(1952年,3GeV)
- 伯明翰(1953年,1GeV)
- 伯克利(1954年,6GeV)
- 杜布纳(1957年,10GeV)
- 萨克雷(1958年,6GeV)

▲图7

又发现了一批被称之为"共振态"的粒子。正是在对这些粒子的分类研究的基础上,建立了夸克模型,并且不断验证和完善着基本粒子的标准模型。在加速器原理的基础上发展起来的同步辐射装置和自由电子激光装置,作为可调光源在基础科学研究和工业领域都有广泛的应用。

电子数字计算机对于物理学研究来说有两方面的意义:一方面是对没有解析解的物理方程可以用计算机实现数值解;另一方面是实际上不能实现的某些设想的实验可以由计算机来模拟。在原有的实验方法和理论方法之外,物理学又获得了一种新方法——数学实验。数学实验是一种介于经典演绎法和经典实验方法之间的新的科学认识方法。其实质在于它不是对客观现象进行实验,而是对它们的数学模型进行实验。数学实验包括四个基本方面:建立对象的数学模型,拟订分析模型的数值方法,编制实现分析方法的程序,在电子计算机上执行程序。数学实验使物理学形成实验物理、理论物理和计算物理三足鼎立的新格局。计算物理学的主要特征不在于"计算",而在于对自然过程进行数字模拟。这种模拟的目的在于获得某些新发现,并通过理论物理方法的论证和实验物理法检验进一步确证。计算物理学的兴起以费米—巴斯塔—乌勒姆(E. Fermi-J. Pasta-S. Ulam)的《非线性问题研究》报告(1955)为起点,以洛仑兹(H. A. Lorentz)等发现混沌(1963)、克鲁斯卡耳(M. D. Kruskal)与扎布斯基(N. J. Zabusky)发现孤子(1964)、阿耳德(B. J. Alder)等发现长时尾(1967)这三大数学实验发现为标志。计算物理学又发展出计算生物学和计算神经科学。在这种意义上,我赞成把计算物理学的兴起看做是科学方法中一场重大革命。

在科学已经越来越依赖于研究手段的今天,实验手段的进步为科学打开了新的窗口,不仅有助于理论的突破,甚至可以改变科学家的思路,开辟新的研究领域。任何轻视实验手段和方法论的思想,都可能使科学研究处于停滞状态或陷入困境。

六、物理学与生命科学的相互作用

物理学与其他自然科学学科的交叉和相互作用，已经产生并形成了化学物理学、生物物理学和心理物理学以及天体物理、地球物理、大气物理、海洋物理和空间物理等诸多交叉学科。但这种交叉和相互作用最突出的表现还在于20世纪的生命科学在物理学的基础上发生了革命性的变化，即DNA双螺旋结构的发现及其广泛和深远的影响。

1953年，美国生物学家沃森(J. D. Watson, 1928—　)和英国化学家克里克(F. Crick, 1916—2004)发现DNA的双螺旋结构。1954年，俄裔美国物理学家伽莫夫提出核苷酸三联体遗传密码。1958年，克里克提出遗传信息传递从DNA到RNA再到蛋白质的中心法

比德尔
(1903—1989)

德尔布吕克
(1906—1981)

肯德鲁
(1917—　)

- 比德尔代表的化学学派
- 德尔布吕克代表的信息学派
- 肯德鲁代表的结构学派

▲图8　量子力学创立者薛定谔的《生命是什么》(1944)一书曾深深影响了一批物理学家和生物学家的思想，促成分子生物学诞生出三个学派

则。1961年，法国生物学家雅各布(F. Jucob，1920—)和莫诺(J. Monod，1910—1976)提出基因的功能分类和调节基因的概念。由此，分子生物学的理论框架基本形成。随着双螺旋结构模型的提出、“中心法则”的确立和基因重组技术的兴起，几乎所有对生命现象的研究都深入到分子水平去寻找生命本质的规律，分子生物学成为生命现象研究的核心理论和发展生物技术原理的源泉。20世纪70年代，基因重组开辟了基因技术的工程应用的可能性，从而使人类看到了运用生物技术造福人类的前景。

生命科学的这种革命性的变革是物理学、化学和生物学等学科相互交叉、相互作用的产物。在这一过程中，物理学的概念和方法以及物理学家深入到生命科学领域进行探索，为之作出了重要的贡献。我们没有理由忽视量子波动力学创立者薛定谔的思想影响，他出版的《生命是什么》曾深深影响了一批物理学家和生物学家的思想，促成分子生物学诞生出三个学派：比德尔代表的化学学派、德尔布吕克代表的信息学派和肯德鲁代表的结构学派。这三个学派的思想都深受物理学思想和方法的影响。物理学的X射线晶体衍射法为结构学派认识生物大分子的晶体结构提供了有力的手段，物理学家伽莫夫率先提出的三联体密码方案有力地推动了信息学派的成长。我们也要重视生命科学对物理学的影

响,量子论主要创立者之一的玻尔号召物理学家关心生命现象研究,其目的之一是在生命现象中寻找量子物理的适用界限。

七、社会需求的拉动以及科学与技术的互动

早在1959年,美国物理学家费恩曼就幻想,用大机器制造小机器,用小机器制造更小的机器,以致能把大英百科全书记录在针尖大小的地方,甚至能够搬动和排列原子。微观尺度制造的这种理想,在科学认识的推进和社会需求的拉动下,使人们已经可以把加工尺度从微米(10^{-6}米)级推进到纳米(10^{-9}米)级。自1897年物理学家提出晶体的生长取决于结晶核数目、结晶速度和热导率三个独立变量以来,对微观结构和宏观性质认识得最深入并对它的加工制备技术掌握得最成熟的材料是半导体。

自英国物理学家法拉第(M. Faraday,1791—1867)发现氧化银的电阻率随温度的升高而增加(1833)之后,接着又发现光电导(1873)、光生伏打(1877)和整流(1906)三种半导体物理效应。这些半导体物理效应在20世纪20年代开始应用到商业上,它推动了半导体物理研究并导致英国物理学家威尔逊(H.A. Wilson,1874—1964)提出半导体导电模型(1931)。而半导体物

理研究的发展又导致美国贝尔实验室的肖克利(W. Schokley,1910—1989)、巴丁(J. Bardeen,1908—)和布拉顿(W. H. Brattain, 1902—1987)研制出晶体管(1947)。体积小寿命长的晶体管不仅很快就开始取代真空电子管(1950),而且在英国人达默(G. W. A. Dummer)提出集成电路的设想(1952)之后,美国人基尔比(C. Kilby)和诺伊斯(R. Noyce)各自独立地制成了最早的集成电路(1958)。

随着第一只晶体管的诞生和第一块集成电路的问世,以及单晶生长工艺、离子注入工艺、扩散工艺、外延生长工艺和光刻工艺的发展和完善,微米级的材料加工技术就开始了它的日新月异的发展。半导体集成电路沿着小规模($<10^2$)、中规模($10^2\sim10^3$)、大规模集成($10^3\sim10^5$)、超大规模集成($10^5\sim10^7$)、特大规模集成($10^7\sim10^9$)前进到20世纪末的极大规模集成($>10^9$),相应的加工尺寸已经达到0.1微米。除电子计算机芯片外,还有两项引人注目的微米级加工技术,它们是微电子机械和基因芯片技术。人们利用微电子材料和工艺制作了微型的梁、槽、齿轮和薄膜乃至马达,它们也可以像制作晶体管那样成批地制造。基因芯片是固化了大量生命信息的DNA芯片,其空间分辨率正在从微米向纳米发展,现在已应用于生物医学、分子生物学的基础研究、人类基因组研究和医学临床实验。基因芯片将对基础生命科学、临床医学、诊断学和脑与神经科学等产生革命性的影响。

集成电路制作使用的半导体材料经历了锗→硅→砷化镓等Ⅲ/Ⅴ属半导体的变化，生产工艺则从平面工艺到分层工艺再到图形，包括光刻、刻蚀、淀积、外延、扩散、溅射、测试、封装等微米加工工序。集成电路材料与工艺的不断进步以及物理学的发展，导致了纳米技术的诞生。微米级技术本身延伸出的X光刻机、电子束曝光机、离子束光刻机以及对材料进行原子级的修饰技术，它们首先成为发展纳米技术的工具，但最精微的还是新发展起来的用于原子尺度加工的扫描隧道显微镜(STM)和原子力显微镜(AFM)等扫描探针显微镜。电

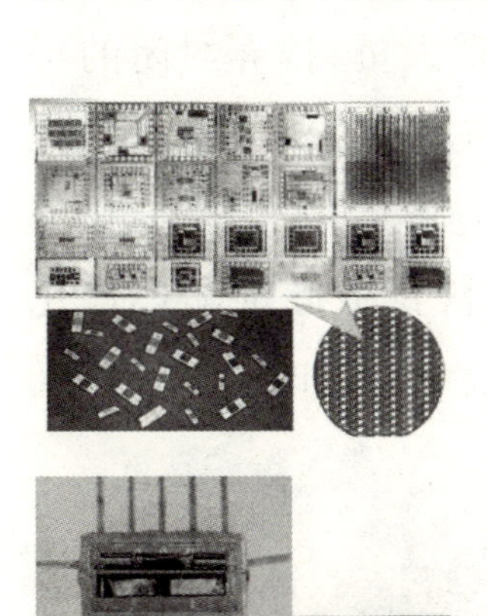

半导体集成电路

- 小规模($<10^2$)
- 中规模(10^2~10^3)
- 大规模集成(10^3~10^5)
- 超大规模集成(10^5~10^7)
- 特大规模集成(10^7~10^9)
- 极大规模集成($>10^9$)

相应的加工尺寸已经达到0.1微米。

人们利用微电子材料和工艺制作了微型的梁、槽、齿轮和薄膜乃至马达，它们也可以像制作晶体管那样成批地制造。

▲图9　半导体的发展历程

子曝光机和离子曝光机是目前实用的纳米加工工具，而扫描探针显微镜是迄今为止仍可用做原子尺寸加工的唯一工具。以纳米技术为基础的新工具将导致小于100纳米的超微分子器件的诞生，例如分子计算机和分子机器人等。这些分子器件可能具有更为主动和复杂的性能，能够帮助人类完成更为复杂的操作。基于分子装配的纳米技术，将能够对物质的结构进行完全的控制，使人类能够按照自然规律制备出超微的智能器件。

半导体、集成电路和纳米科技的发展表明，导致科技进步的动力不仅来自于科学家和工程师的创造欲，而且还来自于社会需求的拉动。自第二次世界大战以来，社会需求对科学发现和技术发明的拉动作用越来越大。这就要求科技人员和科技管理人员，摈弃封闭的经院式思考方式和管理方式，密切与社会的联系，准确把握社会的需求，有效而有针对性地推动科技进步和创新。特别是对于急需利用有限的科技资源推动现代化建设的发展中国家的科技人员来说，更要如此。

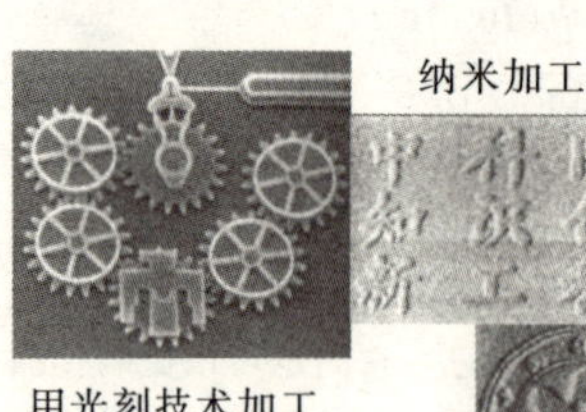

纳米加工

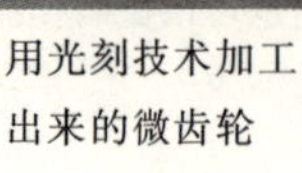

用光刻技术加工出来的微齿轮

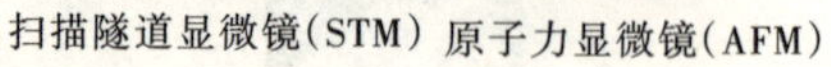

扫描隧道显微镜(STM) 原子力显微镜(AFM)

▲图10

八、物理学的魅力及其未来

相对论、量子论及其结合的产物量子场论和统一场论等近代物理学革命的主要成果，导致人类的物质与精神生活发生了巨大变化。相对论对时空关系和时空与物质关系的认识、量子力学对物质内部结构和运动规律的认识，不仅深深影响了人们的观念，而且广泛地改变了并继续改变着人们的生产活动和日常生活。如果想一想晶体管和激光以及电视机、多媒体电脑和光纤连接的互联网，人们或许会更深地领会"物理学革命"的含义。

物理学的魅力不仅体现在其物化成果可以极大地改变人类的文明，尤其需要指出的是，物理学，特别是近代物理学，彰显出科学给人类带来的认知能力上的升华。物理学从纷杂的事物中抽象出物质的统一特性，更正了我们日常的肤浅认识，透过表象为我们揭示出物质

"宇宙蜃楼"

暗物质分布图

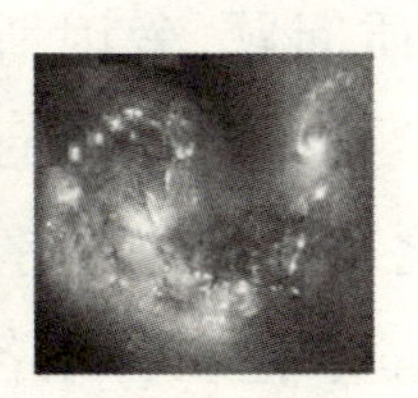
对撞星系

加拿大Sudbury
中微子观测站
(SNO)

▲图 11

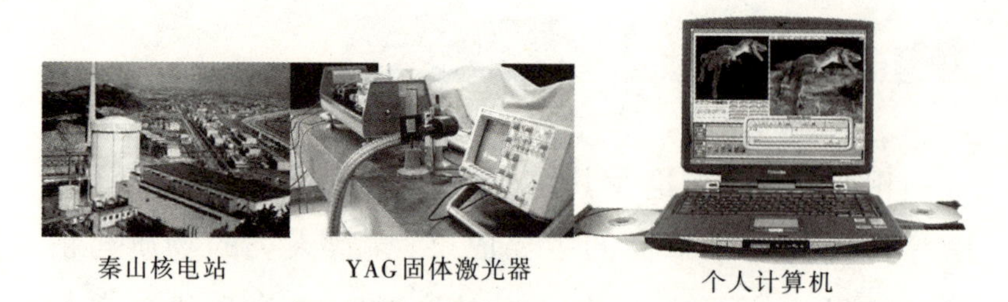

秦山核电站　YAG固体激光器　个人计算机

▲图12

本质上的奇妙特征，并且借助数学和逻辑，做出了最为理性、简洁的物理表述。物理学在为我们解释周边物质世界的同时，也为我们营造出内容丰富、思维缜密、不断创新、妙趣无穷的理论、方法与实验体系。

20世纪的近代物理学革命与19、20世纪之交的物理学形势相关，那时物理学上空的“两朵乌云”竟令一些物理学家惊呼“物理学危机”。近代物理学革命不仅解决了“两朵乌云”导致的这场危机，而且把整个自然科学都置于以量子论和相对论两大理论为支柱的现代物理学的基础上。虽然今天的物理学仍有着一些重要的理论与实验问题亟待解决，如类星体的能源问题，暗物质、暗能量和反物质问题，爱因斯坦场方程的宇宙项问题，中微子振荡问题，质子衰变问题等，但是毕竟还没有人像19、20世纪之交时那样惊呼物理学的危机。

相对论和量子论在科学各个领域的扩展和应用，虽然已经取得很大的成功，但是还远未到达止境。看来一直作为精密科学典范的物理学还是魅力未减，作为其他经验科学基础的地位短时期内不会改变。物理学的巨大魅力还在于它从理论认识中衍生出众多技术原理。20世纪的物理学为我们这个社会提供了四个主要新技术原理，即核能技术、半导体技术、激光技术和超导技术。虽然在20世纪近代物理学革命以后，在约为四分之三世纪的时间内，物理学并没有发生新的、基础性的重大变革，物理学的进展主要表现为相对论和量子论的推广应用，但是这并不意味着物理学的发展已经走到了尽头。

当代科学发展的态势和社会对科学的迫切需求，将在很大程度上影响科学未来发展的方向及其特征。一些传统学科仍将保持相当的独特性，物理科学作为整个自然科学发展的基础地位一时还不会动摇，但是科学的学科结构重心将转移到生命领域。数学科学作为数与形的科学，其简洁、精确和优美的表述方法将在自然科学、应用技术与社会人文科学中得到更为广泛的应用。信息技术作为研究与知识信息交流、传播的技术手段，会随着自身的发展及其与其他领域的结合不断进步，并通过广泛的渗透而促进其他领域的发展。各自然系统的研究以及自然科学与人文社会科学之间的结合将成为跨学科研究的生长点，它们的发展和广泛运用，都将有力地推动学科间的整合和交叉科学的诞生与繁荣。

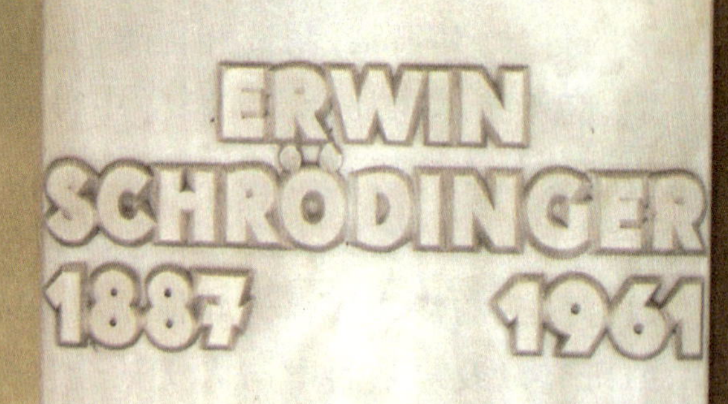

陈列在维也纳大学主楼廊道的薛定谔塑像

20世纪物理学的回顾及对未来物理学发展的展望

周光召

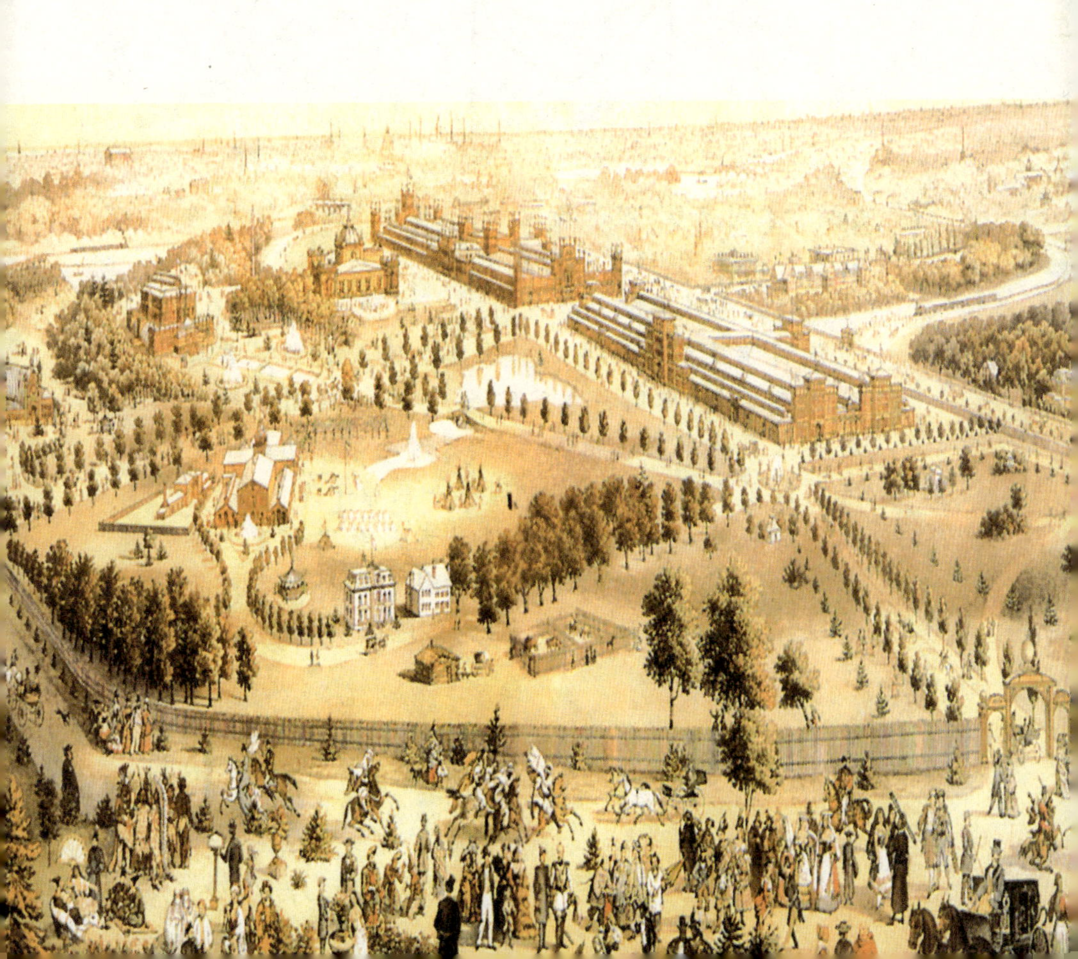

【作者简介】周光召，理论物理、粒子物理学家。湖南长沙人。1951年毕业于清华大学。先后当选为美国等9个国家科学院外籍院士。中国科学院研究员，中国科学技术协会主席。曾任全国人大常务委员会副委员长、中国科学院院长、学部主席团执行主席。主要从事高能物理、核武器理论等方面的研究并取得了突出成就。在中国第一颗原子弹、第一颗氢弹和战略核武器的研究设计方面做了大量重要工作，为中国物理学研究、国防科技和科学事业的发展作出了突出的贡献。他严格地证明了CP破坏

的一个重要定理，并于1960年简明地推导出赝矢量流部分守恒定理（PCAC），成为国际公认的PCAC的奠基者之一。

1980年当选为中国科学院学部委员（院士）。

物理学在过去的一百年中得到了极大的发展，即使作为一个终身研究物理的人，也很难对它有全面的了解，或者是懂得它的基本规律，所以今天的介绍，只能是很初步的。为了说明这一百年来物理学的发展，我们先来看一看物理学研究的范围，有一些什么样的进展。物理学在20世纪所取得的辉煌成就，可以从它自身范围的扩大和对其他学科的影响看出来。用时间作为例子，物理学最近研究的顶夸克的寿命是4×10^{-25}秒，也就是十亿亿亿秒分之四了，这是非常短的时间。同时，物理学所研究的宇宙的起源，现在我们知道大约是100亿到150亿年的样子，可能是在130亿年左右，这相当于4×10^{17}秒，所以我们物理学的研究是横跨了42个数量级。我们讲每10倍，就是1个数量级，所以100就是2个数量级，1 000就是3个数量级，我们现在的差别有42个数量级，这么大的范围，都是物理学研究的对象。

物理学研究对象的种类也日益增多，我们同时在研究物理宇宙中间多层次的、复杂的、差异巨大的各种物质的形态和结构。比如说，前不久，我们测量出中微子的质量只有1×10^{-35}克重，这是非常之轻了。再举一个例子，我们经常研究太阳，太阳的质量是2×10^{30}千克。所以我们研究的对象，从它的质量的范围来看，差距就是极为巨大的。20世纪是研究原子的世纪，其实在原子内部，其尺度范围差别也是非常之大的。一个原子，大约是100亿分之一米,可原子下面是由原子核构成的,原子核比它小1万倍,原子核又是由质子和中子组成的,质子和中子又是由夸克所组成的,这样又要相差1万倍,所以即使一个原子内部的结构,它的空间尺度就相差了8个数量级。同时,物理学在这一百年内也分化出了大量的学科。到20世纪,力学、热学、光学、声学、无线电、微电子、激光、原子能都已经形成了独立的学科,我们在有的学校里面还可以看到这样的系,这些学科支持了机械、冶金、建筑、电力、原子能、航空、航天、计算机、通信等工程科学的发展,物理学进入到化学、生物、天文、地学、数学、技术科学领域,出现了化学物理、生物物理、天体物理、地球物理、计算物理、技术物理等新兴的交叉学科。

到底是什么动力使得物理学在这一百年间得到了飞速的发展呢?我想,首先因为物理学是现代生产力的开拓者。20世纪,物理学的广泛应用,不断地提高了国家和企业的竞争力,不断地开辟了新的消费需求和市场,反过来,市场和国家的需求又推动了物理学的迅猛发展。比如说雷达和原子弹,这主要是物理学家在“二战”期间做的工作,它在战争中间的作用,促使美欧各国在战后就大大地增加了对物理学的投资,设立了集中的研究机构,建造了巨型的加速器和反应堆来从事有潜在的军事价值和市场价值的研究。又比如对长途通信的需求，促使美国电话电报公司下属的贝尔实验室在1947年发明了半导体三极管，奠定了一直到今天的信息革命技术的基础。

关于作为先进生产力的物理学和工程的发展，我们来看一看2000年美国工程院选出的20项20世纪最伟大的工程，其中采用的技术大部分都直接或间接地跟过去300年的物理学的发现有关系。这20项工程，首先是电气化、汽车、飞机、自来水系统、微电子、无线电广播和电视；其次是农业机械化、计算机、电话、空调和冰箱、高速公路、卫星、因特网、摄影；然后是家用电器、医疗技术、石油和石油化工、激光和光纤、核技术、高性能材料。大家可以看出来，其中大多数都跟物理学直接或间接有关。在20世纪，物理学在半导体、集成电路、激光、磁性、超导等方面的发现，奠定了信息革命的科学基础。在市场的推动下，由物理学延伸的高技术产业应运而生，硅谷最早的几个高技术产业，都是由物理学家建立的。这些高技术产业在20世纪下半叶的全球经济中扮演了重要的角色，它为家庭生活开发了从微波炉到液晶电视等多种家用电器，引导了以微电子、光电子、网络和微光机电技术为核心的第三次工业革命，为信息社会的到来奠定了技术基础。由物理学研究带来的新技术和新产品层出不穷，这些从根本上改变了人们的生产方式和生活方式。

我们来看一看上面讲的这些是由哪些物理学的发现所导致的。当然有很多是与20世纪以前的物理学有关系。在20世纪以前，以牛顿力学、热力学和麦克斯韦电动力学为代表的古典物理学，到19世纪末已经形成了完整的理论体系，并且在工业革命中发挥了重要的作用。这些物理学的成就，反映在工业上，就是发明了电话、电灯、汽车等等，并且开始了社会的电气化进程。19世纪末还相继发现了X光、放射性、电子，测定了光速和部分物质的光谱，这些都为人类在20世纪进入微观世界奠定了基石。在20世纪，以古典物理学为基础，还有许多重要的发明。比如说，1901年马可尼成功地发射了无线电波，进行了跨越大西洋的无线电接收，无线电广播和通信从此得到了大规模的推广和应用；火箭技术在20世纪开始发展，俄国人提出了克服地球引力进入太空的设想，1930年首次提出了火箭发动机的专利；1926年开始第一次电视图像的传输；1928年第一次完成了跨大西洋的图像无线传输；1938年发现了硒在光照下变成良导体，当时的施乐公司(XEROX)应用它制造了第一台复印机；1936年发明了磁带录音；1937年发明了雷达；1938年开始调频广播；1949年利用X光分析了盘尼西林的晶体结构；1958年超声技术开始在医疗实践中应用；1967年家用微波炉上市，而这些都是和20世纪以前的物理学的发展相关的。

到第二次世界大战以前，20世纪物理学家深入研究了物质的各种形态，又发现了一系列新的现象。比如说，1911年发现了超导；1911—1912年通过X光衍射，发现了晶体原子的对称排列；1932年发现了中子；1934年发现了人工放射性元素；1938年发现了超流；1939年发现了裂变现象。“二战”后就有更多的发明了。比如，1947年发现了晶体管；1954年发明了太阳能光伏电池；1955年制造了第一根光纤；1959年发明了集成电路（集成电路刚刚获得诺贝尔物理学奖）；1960年发现了红宝石激光器；1966年提出了能够实用的光纤的设想（值得高兴的是，一位华裔化学家参与了这个设想，他就是香港特区的高锟）；1971年发明了微处理器；1975年液晶显示用于计算器；1982年激光唱盘问世。我们可以看到，半导体材料，从20世纪中叶开始发展，引起了整个从半导体到集成电路再到微处理器的发明。激光，从红宝石的激光开始一直到现在，在整个信息传输、存储以及工业应用上都得到了大量的应用。核能，1939年发现了裂变现象，这个裂变现象对于人类社会进程最直接的影响就是建造了原子能电站和原子武器。费米在1942年建成了第一座原子反应堆，奥本海默领导了美国核武器制造。这两位都是20世纪非常伟大的物理学家。1945年7月，美国成功爆炸了世界上第一颗原子弹。1945年8月，美国投向日本的两颗原子弹造成了大量的人员伤亡，核武器竞赛成为战后超级大国斗争的重心。在霸权横行和恐怖活动泛滥的今天，控制和销毁核武器仍然是全世界爱好和平的人民面临的重大的任务。科学如果利用不当，也会带来严重的危害。如果核武器被恐怖分子所利用，毫无疑问会对人类的文明造成极大的危害。

物理学还为所有其他科学提供了强有力的研究工具。比如说，中子衍射可以确定原子核的位置和运动，可以探测物体内应力的分布，是判定物质结构的有力工具；像加速器产生的同步辐射强光源已广泛应用于研究材料的性能和结构、化学反应过程、生物细胞的活动等。1989年，在欧洲核物理研究中心工作的蒂姆·贝纳斯-李(Tim Berners-Lee)为了在网络上传输高能物理数据，提出了超文本协议，这个协议现在已经成为全球万维网信息传输的标准。物理学还提供了强有力的探测和医疗设备。比如，在20世纪50年代，就已经把X光用于生物分子的结构分析，最重要的是，它在50年代首次分析了DNA的双螺旋结构，而克里克看到了这个照片以后，才提出了有名的双螺旋结构。又比如，耶鲁(R. S. Yalow)发明了核放射分析的技术，并成功地将它应用于生物学的研究。超导量子干涉器件(SQUID)用于地质探矿和研究生物体磁性的变化。而CT、核磁共振、正电子CT(即PET)、基因芯片、激光、超声、微波等，都广泛应用于医疗和生物的研究。这里我们看到的是一台核磁共振仪,右下角有超声探测仪,这样可以探测到我们内脏的活动。用现代物理学开发出来的显微镜,我们已经可以清楚地看到细胞的活动,这是一个巨噬细胞在吞噬一个细菌。这是我们拍摄的真实的DNA场面,是从核磁共振拍摄到的脑的图像。在量子力学和相对论的指导下,20世纪下半叶,物理学在凝聚态、激光、表面、等离子体等方面,又发现了更多有广泛应用前景的现象。例如有新的集体振荡的模式,新的相变和宏观量子态等,像量子霍尔效应、分数电荷、稀土永磁、高温超导、量子点、量子计算和信息传输,玻色—爱因斯坦凝结态、相干原子束,等等。同时也创造了崭新的探测和控制原子的手段,如同步辐射光源、快中子束和粒子束,微光机电器件、功能核磁共振、隧道扫描显微镜、原子力显微镜、激光镊子等,为开创纳米科技的研究提供了有力的工具。纳米技术在20世纪末已经开始蓬勃地发展,应用了大量的物理的新思想和技术。它本身也是由一位著名的物理学家费曼所提出来的。同时,在量子场论中发展出一些新的计算方法,比如说重整化群的方法,对于研究处于临界状态附近的各种自相似的结构非常有用,它已经广泛应用于由各种不同的物质组成的复杂系统或者是远离热平衡的开放系统。在像“混沌”或分型的研究中,这种方法发挥着重要的作用。

一个很重要的情况是,在20世纪,企业已经成为物理学应用研究开发的主力，在市场力量的推动下，我们看到有几项获得诺贝尔物理学奖的重要发现，比如说晶体管、集成电路、电子隧穿效应、激光、隧道扫描显微镜、高温超导，它们都是在大企业的中央实验室里面完成的，所以在20世纪，有眼光的企业家已经认识到基础研究在发展企业技术上的重要作用，从市场长远发展的需求出发来制定他们的研究目标。他们不仅为大学基础研究提供了很多资金，而且有组织地在企业内部开展了多学科的基础研究，企业的中央研究所在世界上已经成为物理学应用基础研究中非常重要的力量。

物理学发展得这么快，除了因为它是先进生产力的开拓者之外，还因为它是先进文化的创造者。物理学在发展的历史过程中始终是先进文化的创造者，它始终激励着一批科学家在物理学的前沿领域进行执著的追求。20世纪物理学家在多层次、变化无常而又丰富多彩的现象中间，去寻求宇宙所表现的真、善、美，寻求万物运动内在的统一规律和理解外在显现的多样性，对人类的思维方式和世界观的进步作出了多方面的重要贡献。其中一个重要的贡献，我想，就是对宇宙观和认识论的贡献。相对论、量子力学及两者相结合产生的量子场论，从根本上改变了人们对物质、运动、时空和相互作用的看法，使得19世纪占统治地位的、绝对的、决定论的宇宙观衰退，转变为辨证的唯实的宇宙观。

我们再来看看古典物理学。从17世纪开始,物理学一直处在科学研究的最前沿,到19世纪末,由牛顿力学、热力学和麦克斯韦电动力学构成的古典物理学,不仅已经发展成为一个完整的理论体系,而且形成了根深蒂固的机械唯物主义的思潮。应该说在17世纪的时候,机械唯物主义是一个进步,因为在此之前人们是被神学所统治的,机械唯物主义对神学、对这些主观的唯心主义来讲是一个进步。与此同时,将古典物理学应用于社会生产和技术,取得了非凡的成功。到19世纪末,从牛顿力学发展出来的分析动力学,建立了非常多的深刻的观念,像广义坐标和广义动量、对称性和守恒定理、最小作用量原理、拉格朗日作用量函数、哈密顿方程、雅可比括弧等等,这些都对以后的量子力学的发展做出了重要的贡献。而麦克斯韦方程又系统地展示了场的观念,预见了电磁波的存在,提出了光的本性就是电磁波,在麦克斯韦方程中间还隐含了和伽利略对称不同的洛仑兹对称性。

但是在19世纪末,物理学出现了危机。因为在此之前,物理学家认为牛顿力学、热力学和麦克斯韦电动力学建立了完整的对宇宙的说明,并且在应用方面取得了极大的成功。当时人们认识的宇宙是一个机械的宇宙,一切都像一个机械一样运动。只要一开始有一个第一推动力,它就会永远按照同样的规律不停地运行下去。

但是这种机械的唯物主义是有它的缺陷的，因为它不能够从发展的观点来看待事物的运动和变化。19世纪末，有一系列的实验使得人们对以前的完整的物理学的说明产生了怀疑。首先就是发现了光的运动速度和地球的运动没有关系，这样就形成了电动力学和牛顿力学的矛盾。同时又发现了古典的黑体辐射理论，在频率很高的地方，辐射量越来越大，会发散，这个发现和实验也不符合。另外，从电动力学的观点出发，原子是由带电离子构成的，电子在原子里面不断地运动，不可能是稳定的，这与原子是不可破坏的一种稳定结构的观点相矛盾。因为过去我们看待世界的观念都是静止的、稳定的，而实际上，这个世界是不断变动的，是发展的。

19世纪末出现的物理实验和理论的不符所造成的物理学的危机，正是发生在牛顿力学和电磁场理论的结合点上，开始表现在光的传播不满足伽利略的相对性原理、原子结构不稳定、光和电子相互作用的黑体辐射谱和实验不符，还有光电效应等，这些都是理论和实验不相符合的地方。既要继承原有理论的合理核心，又扬弃过时的概念，就成为20世纪物理学发展的前提。

20世纪物理学起始于两位伟大的科学家的伟大发现。因为19世纪末尽管存在很多古典理论不能解释的现象，但是大多数物理学家都相信古典理论，敢于对古典理论说不的，是两位当时还不知名的年轻科学家：普朗克和爱因斯坦。普朗克当时40来岁,而爱因斯坦只有26岁。1900年,42岁的普朗克为了解释黑体辐射谱而提出了量子论。他当时已经在大学教书,但是他的想法仍然不为他的同事,特别是一些知名科学家所接受,甚至连他自己也怀疑自己到底做得对不对。他还多次试图回到用古典的理论去解释黑体辐射谱,但是一直不能成功,所以后来他写了以下几段很有趣的文字。在第一段中他说,做这个工作的整个过程,是一个绝望的尝试,不论代价有多高,都要找到理论的解释。所以他付出了要扬弃古典理论的某些假定的代价,这个代价是很高的。他另外还讲了一段更有意思的话。他说:一个重要的发现,能够逐渐获得反对者的承认,这是一件很少有的事情。实际出现的情况是当时这些反对的人,他们一个一个都去世了,所以就没有人反对了,可见他所受到的反对有多么严重。当时的爱因斯坦是坚决支持他的,1905年爱因斯坦不仅发现了狭义相对论,提出了有名的质量和能量等价的公式,同时他也支持普朗克的理论,用光量子解释了光电效应。同年,爱因斯坦还提出了布朗运动的统计理论,得到了实验的证明,这样就使各界再也不怀疑原子的存在了。爱因斯坦在做出这几项重要发现的时候,年仅26岁,而且仅是瑞士专利局的一个职员。因为在大学里面,那些老师都不大看得起他,不愿意把他留下来做助教,他几次去请求,人家都不要他。他毕业后就面临失业，几次在中学里面代课，最后在专利局找到一个职位，每个星期要在专利局工作大概四十几个小时。尽管如此，在1905年，他还是做出了20世纪物理学史上最辉煌的几项贡献。现在大家都知道狭义相对论是非凡的贡献，但是这个贡献长期不被人们重视，以至于没有获得诺贝尔奖，而光电效应是第一次明确地指出了“光既是波动又是粒子”的结论，这得到了诺贝尔奖金委员会的认可，所以爱因斯坦得到诺贝尔奖是由于光电效应得了奖的缘故。爱因斯坦这几项伟大发现能够在专利局工作的业余时间做出来是物理学史上的一个奇迹，直到现在还是物理学史所研究的一个很重要的课题。相对论和量子力学这两大发现，从根本上突破了古典物理学的局限。相对论建立了新的时空观，时间和空间再也不是脱离物质和运动的独立的存在。牛顿认为时空是脱离物质而存在的，物质在时空里面运动，时空跟运动没有关系。相对论不是这样，相对论认定了时空不再是脱离物质和运动的独立的存在，同时还确定了物质与能量的等价，为原子能的开发与利用奠定了理论的基础。现在我们之所以有原子能电站，有原子弹、氢弹的爆炸，就来源于爱因斯坦在1905年所发现的物质和能量等价的结论。1905年，他非常之多产，发表了5篇论文，其中任何一篇都可以认为是物理学史上非常重要的论文，那一年他才26岁，不能在大学和研究所任职。现在我们有一些年轻的科学家,就看不起在工业界或者是其他地方任职,我看只要学一学爱因斯坦,恐怕就会发现我们不必要有这种顾虑。

1916年,爱因斯坦又提出了广义相对论,计算了水星绕日的运动,得到了和实验一致的结果,并且在1919年全日蚀的条件下,观察到光经过太阳边缘由重力产生的偏转,使之得到了证实。这样,时空和重力在广义相对论中得到了完美的统一。过去,重力被认为是一种单独的作用力,现在我们知道,重力完全是由时空的弯曲而产生的。广义相对论对20世纪理论物理和天体物理产生了巨大的影响,爱因斯坦基本的思想是追求自然规律的统一性,他要通过局域对称性来实现物理运动规律的几何化,这一直是以后理论物理学家所遵循的方向。但是经过80多年的努力,爱因斯坦的梦想到今天还没有完全实现。我们有一张水星围绕椭圆形轨道不断变化、不断运动的图,过去用牛顿力学来计算,得到的变化只有实验值的一半,运动得不够快,用相对论就可以完全解释。另外,广义相对论还预言,光经过太阳的时候,会发生弯曲,被太阳所吸引,这也是广义相对论当时能够被人们承认的一个重要的实验验证。物体在时空中运动,引起时空的弯曲,时空的弯曲又改变其他物体的轨道,这样才相应于重力的作用,所以物质、运动、时空和相互作用是相互影响、互为因果的。相对论和以后发展的规范场论对人类的认识论产生了巨大的影响。这一理论认为，物质、运动、时空和相互作用是紧密联系、不可分割、互为因果的，它们统一在某种变换群的局域对称性中间，对称性和它的自发破缺确定了物质的基本构成和它们之间的相互作用，体现了宇宙的真和美，形成了宇宙万物内在本质鲜明的同一性和外在现象绚丽的多样性。

普朗克于1900年提出量子论以后，在相当长的时间里，还处于被人们怀疑的状态，但是后来逐渐得到了承认，玻尔在其中作出了重要的贡献。早期量子论提出了物质与光波相互作用的量子假说，光的能量E与光的频率Ω成正比，比例常数h是一个普适的常数，就是普朗克常数。普朗克当时引进量子论是在1900年。1913年，波尔在原子模型中引进量子化条件，电子在原子中运动的轨道，只有满足量子条件时才是允许的，这样一来，解决了原子的稳定性问题和线状光谱的产生问题，获得了和实验结果一致的氢原子的光谱。因为在过去的牛顿力学和麦克斯韦电动力学中，电子在原子中间运动的轨道是连续的，而且它不断地辐射光，这样，轨道也就是不稳定的。只有在波尔加入了量子化条件以后，才解决了理论和实验之间的矛盾。此后10年，波尔的原子模型以及量子化的条件，是物理学家研究原子结构和光谱的一个重要的理论，当然这也是一个不完整的理论，在应用上,这个理论也只是取得了部分的成功。到1923年,法国人德布罗意提出了电子的波动性,电子波的能量和频率同样满足这样一个关系。他预言电子作为波动会产生干涉效应。过去,人们认为光是一个波动,爱因斯坦认为光虽然是波动,但是它相互作用的时候,以量子的形式出现。电子平常被认为是一种粒子,德布罗意提出它本身也是一种波动,因此它也会产生干涉效应,他的工作很快得到了实验的证实,爱因斯坦最早给予肯定。爱因斯坦说:“我相信这是为物理学最不解的谜所投下的第一束微弱的光。”因为当时不懂得为什么光应该是波动,它应该到处都是,可是为什么在相互作用的时候,它以光量子的形式出现,它是不连续的。现在发现电子看起来是一个粒子,它不是波动,但是它又表现出有波动的性质。从此人们认识到,像光或电子,它们既是波动,又是粒子,波粒二象性是一个普遍的物性。这两个表面上看起来非常矛盾的观念,一个粒子局限在一个很小的范围内,一个波动可以在很广阔的空间传播,但是同样一个光子,或者是电子,它同时具有这两种性质。在这个基础之上,就诞生了量子力学。在波尔原子论的基础上,1925年,海森伯提出了量子力学,并且在玻恩(Max Born)和约当(Pascual Jordan)的帮助下,发展成为系统完整的量子矩阵力学。1926年,薛定谔在德布罗意量子论的基础上,发展出量子波动力学,并且很快证明,在数学上，它和量子矩阵力学是等价的。海森伯当时做这个工作的时候也才二十几岁。海森伯和薛定谔是量子力学的两位著名的发明人。

量子力学最深刻也是最难理解的部分，就体现在单个量子的波粒二重性上，即它既是波动又是粒子，它怎么会同时是波动和粒子呢？这是最难理解的。人们曾经做过一个实验，假定在一个板上开两条缝，让光穿过去，假定只有一个光量子，它必须同时穿过两个缝，然后叠加产生干涉的效应，同时量子达到靶墙的时候，量子波会突然收缩，随机地作用在靶墙的单个原子上面，只有发射多个量子以后，干涉条纹才能逐渐地显现出来，因此量子在传播过程中是以波动的形式出现的，而在与物质相互作用的时候，又是以随机作用的粒子的形式出现的，这种矛盾的行为使物理学家长期感到困惑。量子力学包含的概念，比相对论偏离古典物理学就更远了，以至于像爱因斯坦等为早期量子论作出过杰出贡献的物理学家，从观念上都不能接受。

下面我们来看一个通过双缝的实验。如果它是一个粒子，它或者穿过上面这个缝，或者穿过下面这个缝，它将来的叠加就是两个互不相干的叠加。如果是一个波动的话，它同时穿过这两个缝，这两个波动会发生干涉，干涉的结果会出现很多干涉条纹。很多科学家，像爱因斯坦，因此就认为，量子力学不是一个完整的描述微观现象的理论。他曾提出过很多企图证明量子力学内在有矛盾的实验，最有名的实验叫做“EPR佯谬”。“EPR”是三个科学家名字的头一个字母，其中第一个字母是爱因斯坦。薛定谔也提出过一个想法，叫做“薛定谔猫”。但是几十年来，所有反对者提出来的检验和实验，都以量子力学的胜利而告终，相对论和量子力学在解释原子、分子、固体和原子核物理的各种现象上，都取得了完满的成功。

物理学家们一直到现在也不太懂得量子力学。我现在举几个例子。一个是费曼，大家知道他是20世纪非常有名的物理学家，前几年才去世。他是量子电动力学发明人之一，因此获得了诺贝尔物理学奖，同时这个人又有很多其他的贡献，像纳米科技，就是他首先提出来的。他曾经讲了一段话：“过去的新闻讲相对论很难理解，全世界大概只有少数几个人能理解相对论，我认为不是这样子，相对论还是会有很多人理解的，但是相反，可以很有保证地说，没有人懂得量子力学。”另外一位获得诺贝尔奖的科学家盖尔曼(Murray Gell-Mann)也是一位理论物理学家，现在还在世。他在基本粒子物理方面有非常突出的贡献。当然，他的量子力学理论也是非常好，但是他说了一段话：“量子力学已经成功地接受了所有的考验，没有任何理由怀疑它内部还有缺点，我们都知道怎么用量子力学解决问题，因此我们已经习惯没有人懂得它这个事实,就是我们虽然会用它,但还是不懂得它。"量子力学,从爱因斯坦开始,很多人就觉得不懂,并不断质疑,其他的人也不懂,但是会用这个东西,所以取得了很多重要的成果,一些科学家也因此获得了诺贝尔奖。

争论的焦点在于量子波怎么解释,它到底是不是物理的实在,怎么样来理解。当时有一位诺贝尔奖获得者叫玻恩,他提出量子力学里面的波函数,应当作一种统计的解释。量子力学是最终的物理理论,还是阶段性的现象性理论,有很大的争论。1964年,欧洲有一个科学家叫约翰·贝尔(John Bell),提出一个重要的定理,并且这个定理经过了实验的检验,就证实了量子力学背后不可能存在定域的、能够描述单个量子行为的、类似于经典力学的理论。"薛定谔猫"这个实验意思是这样:如果你在一个密室里面关一只猫,同时又放了一些放射性物质,比如说在下面有一个瓶子,里头放了一些带毒的放射性物质,另外还有一个随机的机关,它可以以一定的概率发出一个信号,使得瓶子有一定的机会倒下来,倒下来以后,就发出一些毒药,把这个猫毒死,所以你在画面上可以看到一个活的猫,一个死的猫。在量子力学里面,活的猫和死的猫同时存在。你要不去测量它的话,你不知道它是活的,还是死的。这是当时薛定谔提出来觉得不合理的地方,它要么是死,要么是活,在量子力学里面也许有一半的机会是死的,一半的机会是活的。你如果不去干预它的话,它老会处于既死又活的状态。当然,猫的实验是没有办法做的,不过现在为证明它正确与否,人们就做了很多实验,其中有一些实验的确能说明量子力学还是有一定的道理的。你会发现有一个东西,它会既可以在这儿,又可以在另外一个地方;它不会要么在这儿,要么在那儿。当时薛定谔提出这个实验的本意,是要反对量子力学,他觉得量子力学不完善。但是结果,所有设计的实验都证明量子力学是正确的,没有达到薛定谔原来的目的,但是沿着这个方向的研究,取得了意料之外的新进展,利用这些体现了所谓的"量子纠缠"的状态,和信息科学相结合,就开辟了量子信息的新领域,像量子密码、远程量子信息传递、量子计算,等等。

量子力学在不断地开发它的应用领域,在纳米科技方面,就有很多的应用,像纳米材料、量子点、量子线等。在量子信息学里面,像刚才讲的,有量子密码、量子计算机、量子搬运等。另外还发现了一些宏观量子态,像高温超导、玻色—爱因斯坦凝聚、相干的原子束,等等。尽管人们不是很懂得量子力学——现在没有一个物理学家敢说,他懂得量子力学,但是量子力学在所有方面都在继续前进和发展,而且不断开发新的应用领域。所以我希望我们新一代的年轻的物理学家,将来在

这个方面能够取得令世界瞩目的新进展。

1954年，杨振宁和米尔斯（R. L. Mills）提出了非阿贝尔规范场理论，局域对称性就成为相互作用力和基本粒子结构的本源。1964年，希格斯（Peter Higgs）将凝聚态相变的观念引进到场论，形成真空相变和对称性自发破缺的概念，就是真空并不是空的，这样使得统一性和多样性得以结合，对称性原本相同的粒子，在对称性自发破缺以后，可以获得不同的质量，而造就了今天千姿百态的世界。在这个基础之上，格拉肖（Sheldon Glashow）、温伯格（Steven Weinberg）和萨拉姆（Aldus Salam），用 SU(2)×U(1)群的对称性和规范场，统一了弱电相互作用和电磁相互作用，形成了由三代夸克和轻子、三种相互作用力的携带者，以及胶子、光子、W和Z粒子组成的标准模型。标准模型和实验结果很符合。遗憾的是，引发对称性自发破缺性的希格斯粒子可能质量太大，在目前的加速器实验中，还没有观察到。弱电统一的理论成功，为进一步统一四种相互作用力提供了希望和动力。这是我们现在知道的最基本的一些粒子，上面是夸克，下面是轻子，还有它的右边是携带作用力的几个粒子，像最上面是光子，然后是中粒子，还有Z粒子，还有W粒子，等等。

现在我们认识到的这些基本粒子，可以统一在一个模型里面，当然它本身可能还不是最基本的，还要我们年轻的物理学家作进一步的努力。现在猜想，了解基本粒子都是高维空间中的超对称弦的激发态。目前正在欧洲通过国际合作，建造世界上最大的加速器，耗资是几十亿美金，建成以后，如果能够发现希格斯粒子和各种超对称性的粒子，会对真空的结构、高维空间的对称性和粒子内部的超弦结构有所了解。研究世界的统一性和多样性，是我们基础物理学所追求的一个目标，也是人类认识世界的一个重要的目标。一方面，我们要在世界的统一性中，看到世界所遵循的共同的规律，另一方面又要从它的多样性中看到这个世界的绚丽多彩。在日内瓦建造的最大的加速器，它的环半径是4.3千米，周长大概是32千米，能够达到很高的能量，使得质子和反质子在里面对撞，能够造出各种在一定能量范围之内的粒子。我们也希望能够在这里面找到形成统一的希格斯粒子。除了人造的实验室加速器外，现在因为能量需要很高了，所以要依靠天体自然的现象。天体现象在牛顿力学和广义相对论的发展中，都起了决定性的作用。

最近的天文观察发现了占宇宙物质(包括能量)构成90%以上的暗物质和暗能量，在可预见的将来，早期天体演化的现象将为未来的统一理论提供实验的启示和验证。

尼尔斯·玻尔(1885—1962)

近代物理学的发展

杨国帧

【作者简介】杨国桢,1938年3月出生,祖籍江苏无锡,出身于音乐世家。中国科学院院士,中国科学院物理研究所研究员。曾任中国科学院物理研究所所长,美国劳伦兹伯克利国家实验室访问学者和美国哈佛大学应用科学系访问副教授,国家攀登计划“高温超导”项目首席专家之一,国际超导专家委员会首席专家兼国家超导中心主任。中国物理学会理事长,国务院学位委员会物理学科评议组成员。第九届、第十届全国人大代表。

今天报告的题目是《近代物理学的进展》。所谓“近代”,它的范围大约有100多年时间,也就是从20世纪初爱因斯坦提出狭义相对论(1905)到现在。其间,物理学出现了很多分支,如核物理、凝聚态物理、原子分子物理、光物理、等离子体物理、天体物理、理论物理等。

100年来,物理学做出了三项具有划时代意义的奠基性工作:一是爱因斯坦相对论的建立。爱因斯坦的狭义相对论建立于1905年,到2005年为止,狭义相对论建立刚好有100年了。狭义相对论讨论的问题是,物体在运动速度非常高的情况下遵循的运动规律及其具有的重要特性。这不仅是物理学领域里,也是整个自然科学中一个非常重要的理论基础。爱因斯坦的广义相对论则建立于1915年,它为天体物理学、宇宙学奠定了理论基础。二是量子力学的建立。牛顿的经典力学只能讨论我们能看到的宏观物体的运动规律。但如果研究的对象很小,小到只有原子和分子那么大,它所遵循的运动规律就跟牛顿力学所讨论的宏观物体运动规律有很大的不同。比如,大家知道,在牛顿力学中,物体的运动是连续的,速度是连续变化的,能量也是连续变化的。但在微观客体里面,比如说在原子、分子里面,能量不是连续变化的,而是分裂变化的,是量子化的。大家所看到的原子光谱中,一条一条的谱线意味着其运动是量子化的。一般来说,电子是围绕原子核运动的,而电子运动的轨道是特定的轨道,不是全部的轨道。现在很多科学技术研究,除了要研究物质的宏观运动规律外,还需要深入到物质的微观运动中,而量子力学给出了物质微观运动的规律。三是DNA双螺旋结构的发现。它是现在整个生命科学与生物工程的研究和应用基础。大家可能已经注意到,北京市海淀区黄庄路口的标记就是DNA双螺旋结构的模型。这三项奠基性工作不仅对物理学的发展,而且对100年来的整个科学技术的发展都是具有决定意义的影响的。

这里,我向大家展示一些近代物理学家的资料。图1是爱因斯坦在1907年时的照片。他在1905年建立了

▲图1　1907年时的爱因斯坦

狭义相对论，从照片中可以看出，当时他还很年轻。

图2是创立量子力学的5位杰出代表人物，因为量子力学不同于相对论，它是由一批科学家前后花了20年时间才完成的。普朗克是量子论的第一个提出者。海森伯提出了测不准原理，即在量子力学中，对于一个微观运动客体，不可能同时知道它运动的位置和速度。薛定谔给出了符合量子运动的方程。玻尔提出，在量子力学中，能量不是连续变化的，而是分裂变化的，是量子化的。狄拉克给出了相对论的量子力学。1935年，狄拉克访问了中国。1937年，玻尔先生也访问了中国。

下面，我分两部分介绍近代物理学的进展。第一部分是跟原子核有直接关系的部分，即核物理；第二部分是跟原子核没有直接关系的部分。

首先讲第一部分。1897年，汤姆逊利用放电管发现了电子。他发现，在放电管中能产生粒子，粒子在电场跟磁场的作用下会发生偏转。粒子偏转的大小跟电子的电荷正负、电荷多少，以及粒子的质量有关系。我们观看粒子在荧光屏上的位置，通过位置可以测出电荷跟质量的比。当时人们弄得比较清楚的是质子，氢原子失

▲图2　量子论的奠基人和量子力学的创建者

去外面的电子就是质子。汤姆逊想研究在放电管里产生出来的粒子是什么样的粒子,结果他发现,电荷跟质量的比出奇地大,比通常知道的氢离子要大几千倍以上,并且偏转方向跟氢离子是不一样的,方向正好相反。他由此判断出,这可能是个新的离子,即电子。电子质量正好比质子质量小了1 000多倍。我们知道,科学研究初期阶段的一些伟大发明所需要的实验装备都比较简陋。汤姆逊在英国剑桥大学卡文迪什实验室工作,这个实验室到现在还是世界上有名的实验室。密立根于1913年测量了电子的电荷,他通过测量带电小油滴的运动速度,反推出每个油滴上带多少电。结果他发现,油滴的带电量是个数值的整数倍,当时他用这种装置和方法测量的结果跟现在使用精密仪器测量的结果误差只有3%。图3是现代加速器中的探测器,它能够测量粒子运动的很多数据,包括电荷数据。劳伦斯于1931年发明了回旋加速器,这个加速器的直径只有10厘米左右,大概只有他的手掌那么大,但它跟现在的回旋加速器原理完全一样。现在的回旋加速器直径为四五千米左右。尽管现在的仪器制造水平发展得非常快,但它最基本的原理还是接近七八十年前的实验装置。我们北京的正负电子对撞机的主加速器主要就是加速电子,它的速度很高。兰州的重离子加速器的主加速器主要是加速离子,它的速度非常接近光速。在物理的微观世界里,微观客体往往是对称的,有电子,就有正电子、负电子。1932年,安德森发现了正电子。在饱和的水蒸气、高湿度的条件下,运动物体周围就会结雾,用这种方法可观测到电子的运动轨迹,正电子与负电子的运动方向相反。我国的科学家赵忠尧先生当时在中国科学院高能所工作,他实际上也跟正电子的发现有直接的关系。1927年,赵忠尧在美国加州理工学院留学,他当时做的论文题目是"γ射线物质中的吸收系数的测量"。他在

▲图3　现代测量粒子性质的探测器

论文中谈到的放射性物质，产生光子辐射，这个光子就是γ射线。他发现γ射线通过一些物质时会散射吸收。反过来看，γ射线变成了正电子和负电子，即两个光子变成了正负电子对。后来，他在实验中又发现了在各个方向均匀分布的γ射线。从赵忠尧先生所做的工作中，我们可以清楚地得到一个结论：他是发现两个光子产生正负电子对现象的第一人，同时也是给出正负电子对湮灭后产生光子能量正确结果的第一人。安德森发现的正电子实际上跟赵忠尧的发现是有紧密联系的，赵忠尧是间接看到的，而安德森则是直接看到的。赵忠尧所做的两项实验的重要性不仅在于他发现了正负电子对的产生和湮灭现象，同时也促进了安德森的云室实验的成功，从而导致了正电子径迹的发现。安德森在1983年的一篇回忆文章中写道："我在加州理工学院作为一名研究生所做的论文工作，是用威尔逊云室研究X射线作用在各种不同气体上产生的光电子的空间分布。在我做这项工作期间(1927—1930)，赵忠尧博士在离我不远的房间中正在用静电计测量Thc' γ射线的吸收和散射，他的发现引起了我极大的兴趣。赵博士的发现结果清楚地表明，该吸收和散射实际上要比用克莱因-仁科公式得出的结果要大。为了得到更多的信息，我们计划的实验是用置于磁场中的云室研究Thc' γ射线与物质的相互作用，观察置于云室中的薄铅板上产生的二次电子，测量他们的能量分布，探讨对赵忠尧博士的结果的更进一步说明。”安德森在回忆中，实事求是地谈到了赵忠尧先生的实验对他的影响。众所周知，正电子的产生与发现、正负电子湮没现象的发现都是在物理学发展史上具有里程碑意义的事件，赵忠尧先生在其中留下了深深的足迹并永载史册。

大家知道，物质有四个状态：固态、液态、气态、等离子体态，现在还有第五态、第六态。我们今天来了解物质的第四态，即等离子体态。等离子体态由带电粒子组成，它可以做热核聚变。我们知道，生活中的煤、石油等化学能源需要几百万年才能形成，而我们对这些能源的消耗速度却很惊人。科学家们估计，将来能源问题会面临很大的危机。现在，一个很有生命力的能源就是核能，核能主要源自于核聚变反应，核聚变就是两个原子核变成另外两个原子核。核聚变需要相当高的能量，速度要非常快，才能克服障碍，使原子核进行碰撞反应。其温度大约需要1亿度左右。在如此高温下，所有的物质不可能是固态，只能用磁场的办法，这就是磁压缩聚变。原子能的应用跟爱因斯坦的狭义相对论有关，质量的减少可以转化为大量的能量。原子能的应用实际上是狭义相对论给出的最科学的理论应用。激光装置是用很强的激光聚焦起来，然后在焦点处放置一些物质，当这些物质的温度达到很高时，便会在小区域里产生聚变反应。激光装置有两种用途：一是在实验室里模拟核爆炸、氢弹爆炸，在小范围里制造一个人工氢弹，研究其中的规律；二是研究能源被人们利用的可能性。核聚变的能源原料有很多，大量的氘沉在海水深处，要多长时间才能被人们利用呢？科学家们估计至少要半个世纪的时间，哪怕时间再长，这也是一个对能源带有根本出路的解决途径。

什么叫同步辐射装置？它的原理是什么？在一个运动的离子旁边加一个磁场，这个离子就会产生辐射，这种辐射就是同步辐射。电磁波辐射在人类生活中有很广泛的应用，从无线电到电视，到红外、微波红外、可见光、X射线。而同步辐射往往就在紫外跟X射线之间的波段上提供了一个很好的光源。

图4是美国的一个同步辐射装置，这个同步辐射装置可以引出来一些光，是一个非常大的实验。同步辐射装置能够产生紫外光、X射线，X射线的用处之一就是用来确定物质的结构。1953年，沃森、威尔金斯、克里克和富兰克林四位科学家用X射线测定了DNA的双螺旋结构，并获得了1962年的诺贝尔奖。沃森和威尔金斯是生物学家，克里克是物理学家，富兰克林是化学家。所以，DNA双螺旋结构的测定是多学科之间相互合作的结果。当时，生物学家只知道DNA在生命体中的作用，会制备出DNA样品，但是DNA样品的结构是怎样的，在这

▲图4　同步辐射装置

个问题上掌握得更好的是物理学家和化学家。富兰克林是一位女科学家，已于1958年不幸去世。DNA双螺旋结构的测定是一个很重要的奠基性成果。现在，我们用计算机就可以将DNA的双螺旋结构做得很漂亮了。

用X射线可以用来测量蛋白质的结构，图5中的蛋白质是一个抗癌的蛋白质，叫FHIT。电子显微镜的发明是在1932年，经过几十年的发展，它的作用变得越来越大了。我们从扫描电子显微镜拍摄的照片中，能看到一个白细胞在吞噬细菌和其他微生物时的状态。

由上面讲的内容可知，物理学是研究物质的性质、运动规律及其相互作用的学科，也是一项激动人心的智

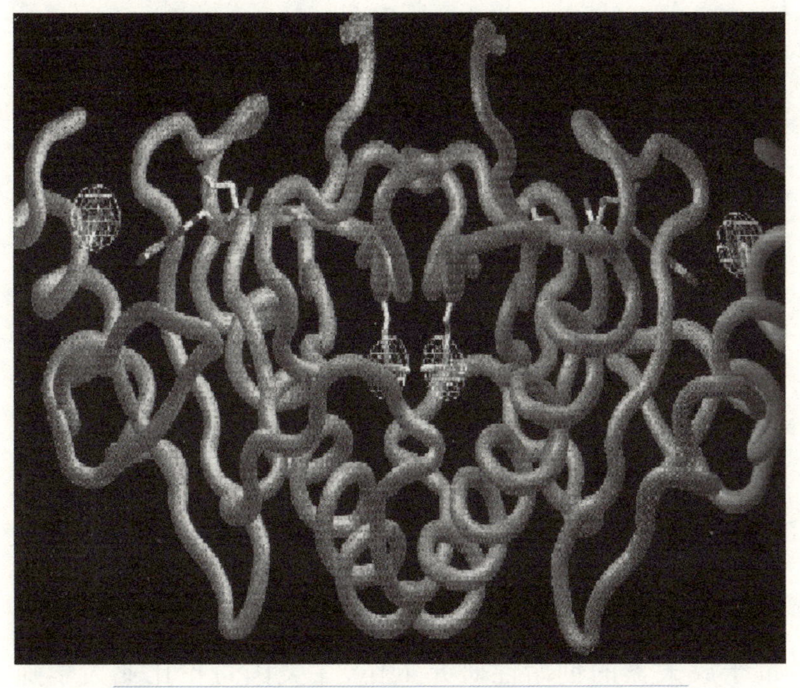

▲图 5　蛋白质 FHIT 结构(一种重要的抗癌物质)

力探险活动,并为人类文明作出了巨大贡献。而化学则是研究分子结构、特性及其运动规律的一门学科,其中不难看出,化学的理论基础就是量子力学。

核磁共振是一些原子、分子在磁场里会分类,不同物质在同一磁场里的能界是不连续的,若用微波看它,可以看到不同的物质。量子力学渗入其中,是它的研究基础。核磁共振成像技术现在已成为一种诊断性成像技术。核磁与 X 射线不同,X 射线往往能看到密度大的比较硬的东西,而核磁分辨软组织的能力比较清晰。从

1938年至今，核磁技术已发展成为一项很重要的应用技术。

从以上的介绍中可以看出，一些非常重要的发明在初期往往是用比较简单的实验方法进行的，但构思绝对巧妙，后人则做了大量的发展工作，使它的应用越来越重要，但最主要的发明还是由前人作出来的。所以，我们应该多思考前人很少想到的问题。

接下来讲第二部分。下面我先给大家介绍一下我国科学家王天眷先生有关的科研工作。王先生参与了量子放大器的创始性研究工作，在美国哥伦比亚大学师从著名物理学家汤斯教授(C. H. Townes)，并与导师合作完成了一系列顺磁微波量子放大器、超高稳定和超高准确的量子振荡器的理论和实验工作，合作发表了一系列论文，这些创造性的成果导致了激光的诞生。为此，汤斯教授获得了1964年诺贝尔物理学奖。

从事激光工作的人很难想象，从1960年开始做第一台激光器起，不到40年时间，光纤通信就在全球比较普遍地应用了。光纤通信是用光来做通信的，通信的容量指在同一个线路里有多少电话可以打，有多少电视频道可以播放。科技的通信是用微波，光的通信是用光波，光波的频率比微波要高，因而用光纤通信有很大的好处。据说在不久的将来，全球的越洋通信将要使用光通信，到那时，各个国家和地区的联系会更加紧密。

激光除了可以用于通信外，还有别的用途。比如，可以用它做一些基础研究，可以用它使原子冷却，等等。原子与光子碰撞以后，原子吸收了光子，然后再发射光子。经过吸收与发射的过程，可以使原子运动的速度减慢，使微观物质运动停止，使它的温度减少到原来的一百万分之一。同时，用它还可以做成原子钟。原子钟由于温度很低，原子的谱性非常窄，原子间跃迁的频率非常准，因此就可以成为准确地控制时间的基准。将原子钟作为时间的基准，走1000万年，才会有1秒钟的误差。时间与距离是有关系的，比如说现在距离的矫正都是用微波或光波，微波和光波的运动速度大概是每秒30万米，由速度和时间的乘积就可以得出距离。只要时间测得很准，距离就会很准。现在测量学上应用的GPS定位系统的核心部件就是原子钟。如果把一个很精确的时间基准放到卫星上，通过卫星测量目标的距离，就可以很精确地知道目标的位置。所以，这样一个很基础的研究，延伸到一定程度，就可以跟各个领域的应用紧密地联系起来。

1995年，第一个玻色-爱因斯坦凝聚实验成功了。我们知道，在温度持续降低的条件下，物质会变成另外一种状态，这个状态就叫做玻色–爱因斯坦凝聚状态。温度降低到一定程度，原子速度会降低到相对静止状态。玻色–爱因斯坦凝聚可以用来做原子激光器。

下面我再介绍一下扫描隧道显微镜的情况，它是用一个很细的针尖来经过一个原子或分子的表面，但并不接触原子或分子。若靠得非常近，那么在两端加电压，就会有电子跑过去，这也属于量子力学的范畴。而在牛顿经典力学中，需要接触原子或分子，才会有电荷的转移。利用扫描隧道显微镜可以实现对原子的操作。

1906年，美国人德·福雷斯特发明了早期的三极电子管；1939年，阿坦那索夫利用三极管和继电器制成了早期电子计算机；1945年，在麻省理工学院研制出由电子管构成的电子计算机，体积有几间房子那么大，但功能只相当于现在的加减乘除计算器。1947年，由巴丁·肖克利与布拉顿等三位科学家发明了世界上第一个晶体三极管。晶体管是半导体，要用量子力学来了解半导体现象，所以晶体三极管的发明实际上也是建立在量子力学的基础之上的。1966年，第一台半导体计算机建成。晶体管的发展速度非常快，通过摩尔规律大家可以看出，半导体的管子每过三年，刻度就会小一半。1985年，Intel公司在晶体管的基础上发展成为大规模集成电路，由大规模集成电路组成处理器。20世纪90年代，计算机技术发展到在一个指头大的芯片上就有500万个晶体管，接近于486芯片的能力。计算机的迅速发展，相应地为通信事业带来了飞速的发展。1892年，贝尔发明了电话，现在又发展到可视电话，手机已经被广泛应用。

现在比较时尚的科技是纳米科技。目前，微电子学已做到100个纳米了，但仍需要引进更先进的技术。一般而言，大规模集成电路要驱动1个开关，平均需要1 000个电子参与。现在的技术已发展成为由1个电子做开关的晶体管。碳纳米管也是一个非常重要的纳米技术，通过纳米技术的超灵敏传感器，可以测量出一个电子的电荷。

在物理学领域，当然也包括其他科学领域，最初期的一些原理往往是非常简单的，经过很多科学家的努力和很多工程师的改进，科学技术就转化成现实的生产力，在人们的工作和生活中发挥着非常重要的作用。我在报告前面讲的三项奠基性理论的创立过程中，华人物理学家也作出了突出的贡献。我在这里列举几个华人物理学家代表，比如：王淦昌是核物理学家、赵九章是大气物理学家、郭永怀是力学家、钱三强是核物理学家、邓稼先是核物理学家、钱学森是力学家、王大珩是光学家、彭桓武是理论物理学家、程开甲是大气物理学家、陈能宽是固体物理学家、朱光亚是核物理学家、于敏是理论物理学家、周光召是理论物理学家，等等。这些科学家都具有深厚的物理根底，并掌握了研究物质客观规律的

科学方法，这对于做其他任何工作都是很有帮助的。

四

物理学作为一个基础学科，在国家急需的重要领域中发挥着非常重要的作用，已成为现代高新技术的学科基础。近一个世纪来，物理学的发展对科学的贡献，我简单地总结如下：第一，物理学是研究物质性质、运动规律及其相互作用的学科，是一项激动人心的智力探险活动，并为人类文明作出了巨大的贡献；第二，物理学拓展了我们认识自然、改造自然的视野，扩展和提高了人们对其他学科的理解，是技术进步最重要的基础学科；第三，物理学教育为科学和技术培养了一大批训练有素的人才；第四，物理学的进步对经济发展和人类社会生活的改善有着不可估量的影响。

展望21世纪，物理学将会继续得到更大发展。例如，在物理学领域中，物质的基本结构及其相互作用的基本规律，复杂系统和非线性系统，介观物理等都在进一步发展；物理学与其他科学、技术的交叉渗透更加活跃，如物理学与生命科学、信息科学、材料科学、新能源等交叉学科正在进一步渗透、融合。

2005年是爱因斯坦发表狭义相对论等系列重要论文100周年，这是物理学史上的一个重大事件。一百年来，以相对论和量子力学为代表的近代物理学对人类文明和社会进步起到了前所未有的推动作用。为此，国际纯粹与应用物理联合会(IUPAP)将2005年确定为“世界物理年”。这件事受到联合国的高度重视，在2004年6月召开的联合国第58次大会上，通过了把2005年定为“国际物理年”的决议。为此，世界物理学家们还设计了一些海报来宣传这个物理年。中国物理学会也作出了“2005——世界物理年”的活动安排计划。比如，制作宣传海报两套，组办高层纪念论坛，组织出版“纪念丛书”计划(与国内多家出版社合作，向公众推荐一系列集知识性、趣味性于一体的科普类图书约40本)，组织2005年科协年会分会场，组织中国物理学会2005年秋季学术会议，参加国际性的纪念活动，等等。

院士答疑

问:我想向您提两个问题:一是应该对高中生进行怎样的物理启蒙？二是在哪些方面进行启蒙教育比较好?

答:我个人的观点认为，高中阶段的教育是比较全面的，仅从自然科学方面进行启蒙教育只是一方面。我认为，数学和物理是最重要的两门学科，当然这不一定是绝对的。物理是介于数学与实用科学之间的学科，一

方面,它需要有严谨的思维;另一方面,它不像数学那么抽象,跟实际结合得比较紧密。同学们在学习的过程中要做到真正理解、独立思考。高中阶段的学习是打基础阶段,你们以后要上大学继续深造。无论做什么事情,如果具有了扎实良好的基础,干好就比较容易了。

问:杨院士,您好。我想问一下,液晶显示器是目前最好的显示器吗?

答:液晶是很重要的显示器,但液晶显示还是作为被动的显示,它需要通过光的调整来显示。目前,液晶显示器已有相当大的发展,但在三五年之前,20寸的液晶显示器还是很少见的,现在就很普通了。我估计,再过几年,液晶显示一定会被普遍应用,并且价格不会太贵。液晶显示只是作为重要的显示手段之一,我们还有别的显示器,如发光管等。

走进人们生活的量子论

沈学础

一、基于量子论的现代高科技成就

二、爱因斯坦对量子论和光电效应解释的贡献

三、量子力学的发展

四、爱因斯坦其人

【作者简介】沈学础,物理学家。江苏溧阳人。1958年毕业于复旦大学物理系。中国科学院上海技术物理研究所研究员,复旦大学教授。1995年当选为中国科学院院士。发展了光学补偿双光束傅里叶变换红外光谱方法,发现了声学局域模。发展了傅里叶变换光热电离谱方法,使硅中浅杂质检测灵敏度有显著提高。提出和首次实现了带间跃迁、激子跃迁诱发并共振增强调制和回旋共振光谱方法。发展了高压下调制吸收光谱测量方法。对超晶格量子阱、半磁半导体和非晶半导体光谱等做了大量研究。著有《半导体光谱和光学性质》、《半导体光学性质》等书。

在过去的100多年中，有两项最伟大的科学成就，一是相对论，一是量子论。这不光是物理学的重大理论，也可以说是所有科学领域最伟大的科学成就。这是在20世纪初提出的，爱因斯坦的伟大就在于，他对两项成就都作出了重大贡献。

一、基于量子论的现代高科技成就

对物理学家以外的公众而言，如果说相对论还有些玄，那么量子论则已经走进人们的日常生活，人们正享受着基于量子论的现代高科技成就。

气象预报所应用的就是爱因斯坦研究过的光电效应。我们大家对气象预报很关心。大家经常看到中央电视台的卫星云图。如果你收看上海电视台的话，可能会注意到这样一句话：请您注意本市预报质量评价。它的正确率有时高达100%。为什么准确率会这么高？这要归功于我们的气象卫星。通过光电探测器，遥感遥测地球辐射信号并通过基于半导体集成电路（IC）的数据处理、传递、成像，直到显示在电视屏幕上的大气云图，这些都以量子论为科学基础。

到目前为止，“风云”卫星已发射多颗，形成不同系列。卫星信号通过多通道扫描辐射计接收。在离地面38000公里的高空，就有“风云”卫星一直在我们的头顶

▲图1 "风云二号"气象卫星于1997年6月10日第一次发射。"风云二号"B气象卫星于2000年7月发射。

监测着风云变幻,俗称"天眼"。现在的台风预报非常准确,天气预报能及时预告台风到达的时间、地点。尽管目前还不能改变台风这一自然规律,但它的行踪已被我们掌握。

▲图2 “风云二号”C星第一幅可见光图像

图2是2004年10月29日11时“风云二号”C星FY-2C可见光通道开机获取的第一幅可见光云图。我们可以看出它的特点：(1) 水平分辨率高，目标清晰；(2) 动态范围宽，层次分明；(3) 杂散抑制好，细节丰富；(4) 通道一致性好，像质均匀。开机获取的第一幅云图就如此清晰，显示了我国气象卫星的科学和技术

水平。

电脑、网络、手机内的芯片是集成电路的一些品种，它们都是在量子论的基础上发展起来的。目前，世界上各国的能源都很紧张。我国石油存储量就很有限，所以要大量进口。好在我们可以用其他办法来代替，比如借助爱因斯坦研究的光电效应，我们就可用太阳能发电、用太阳能发动汽车。激光和固体发光，可将电能或者其他能量转换成光能和强的相干光束，并应用于人们日常生活的多个方面。这些也是光电效应和量子论的应用。

二、爱因斯坦对量子论和光电效应解释的贡献

1905年爱因斯坦发表的五篇物理学论文，也被人们誉为改变世界的五篇论文。其中《关于热的分子运动论所要求的静止液体中悬浮小粒子的运动》是对布朗运动的解释。《论动体的电动力学》，也就是狭义相对论。另一位量子论的开创者，物理学家普朗克，也对爱因斯坦的工作给予了高度的评价。爱因斯坦的两篇关于光电效应解释的文章使他荣获1921年诺贝尔物理学奖。

下面我来讲一下爱因斯坦对量子论和光电效应解释的贡献。光电效应简单地说就是由光产生电子流的效应。1839年，法国科学家观察到光电发射现象。1887

年，赫兹通过研究真正发现了光电效应，对科学作出了很大的贡献。1902年，P. Lenard实验获得光电效应基本规律：脱出电子速度与光强无关，只与光频率有关；存在一个下限频率，低于下限频率的光不能从金属靶打出电子流。19世纪末20世纪初，麦克斯韦电磁理论暂时统一了从无线电波到光波的物理本质和规律，光波动说获得物理学界的公认。当时科学家认为科学已经达到顶峰了，已经不会有什么突破了。就光的本质而言，赫兹电磁波的实验，宣告光波动说的“胜利”和光粒子说的“死亡”。这些就是在爱因斯坦之前，物理学家对光电效应和光物理的研究。当时，实验与理论高度吻合，“高度和谐”，只有两朵小小的乌云：黑体辐射和迈克尔逊与莫雷实验。普朗克研究黑体辐射并发现了基本量子，提出量子假说，“量子化”就是由他创造的。普朗克关于黑体辐射的规律提出电磁波（辐射）与器壁振子发生能量交换时，电磁能量显示量子性，这就是量子化的由来。为此他获得了1918年诺贝尔物理学奖。

下面我们来讲爱因斯坦的贡献。爱因斯坦提出了光量子学说，他认为，光不仅在吸收和辐射时是量子化的，其传播本身也是量子化的。他的光量子假说可以解释很多实验事实。光量子学说恢复了光粒子性的一面，但不同于牛顿的光粒子说，而是远远高于牛顿的光粒子说。这导致人们最终揭示光的波粒双重特性和微观世界的波粒二象性。当粒子小于一定尺寸，例如小于1纳米，那么粒子的性质就产生了变化。它在某些情况下看起来像一个波。我打一个不恰当的比喻，每个人都是多面的，我今天站在台上讲演，你们认为我是科学家；我在家里面对父母，他们认为我是他们的儿子；面对儿女，我就是他们的父亲。有了光量子的假说，就非常容易理解对光电效应的解释。在爱因斯坦的时代，光子和电子的作用是一对一的，就是一个光子激发一个电子。那个时代还没有高强度的相干光流，双光子过程不能实现。爱因斯坦的光量子假说与当时的光的干涉实验事实相矛盾。许多同时代的物理学家并不赞同，普朗克也说他太过分了。R. A. Millikan（密立根）做了10年的光电效应及相关实验，想用实验否定这一假说。但1915年，他尊重实验事实，宣告实验证实了爱因斯坦对光电效应的解释和光量子假说。1922—1923年，康普顿-吴有训的X射线散射实验观察到波长大于入射波长的散射，也有力地证明了光量子假说。

爱因斯坦对光量子学说还有进一步贡献。1917年，爱因斯坦发表《论辐射的量子性》的论文，讨论“光与物质”互作用，指出原子吸收光——激发态。除吸收与自发辐射外，爱因斯坦推断一定存在第三种作用——诱导受激原子发射另外一个光子。这实际上就是受激发射科学思想的雏形。这是爱因斯坦超前的理论。激光是

在20世纪60年代发现的,而爱因斯坦在40年前就预言了这一点。

在19世纪,中国没有人懂现代物理,也没有人学物理。中国近代最早的物理学家是李复几先生,他生于1885年,曾就读于上海南洋公学,1910年前在德国做光谱研究。他证明Lenard的一项光谱理论是不对的,是中国物理第一人。中国历史上第二位物理学家是李耀邦,他1884年出生,是Millikan的学生,1914年获得博士学位,对成立沪江大学有贡献。第三位是夏元瑮,他1916年在德国读书,听过爱因斯坦的讲演,并且最早在北大开"相对论"课程。

三、量子力学的发展

爱因斯坦提出光有两种特性:波和粒子,但这还不是完整的量子论。除普朗克和爱因斯坦外,量子论和量子力学的诞生还有其他人的贡献。包括玻尔:量子力学的原子模型;德布罗意(法国):微观粒子的波粒二象性——物质波;薛定谔:薛定谔方程、波动力学;海森伯:矩阵力学、波函数的解释、测不准关系。还有狄拉克、泡利、玻恩等。这是物理学史上群星灿烂的时代!

在古希腊,人们就认为物体可不断分割至原子。19世纪汤姆逊提出原子也有内在结构,原子就如同西瓜,电子就像分布在瓜囊中的瓜子。后来卢瑟福把原子比喻为太阳系，电子就像星球绕着太阳转，但是卢瑟福的模型理论是有问题的，按经典理论，绕核旋转的电子最终要因辐射电磁波而塌陷。此时，玻尔提出了违背当时传统观念的新观念、新理论，他提出定态轨道和轨道之间量子化跃迁的概念和模型，在原子结构和辐射上有很大的贡献。

量子论发展初期是很抽象的理论，但是一旦与固体结合，就走向了应用阶段。今天着重讲的就是量子论与固体的结合，就是能带论的兴起和半导体物理和科学的发展。

光可以把电子从金属中打出来。按照固体量子论，光也可以将电子从不能移动的满带激发到可在固体内自动运动的导带，呈现光电效应。有了光电效应就可以做光电传感器。半导体微电子、IC的兴起也是源于固体的量子论。半导体晶体三极管是由肖克莱、巴丁、布拉顿这几个人发明的。还记得我年轻时用的收音机是用三四个电子管连接起来的，以后改由几个半导体三极管组成。在这个基础上，半导体三极管的功能不断开发，具有开关、逻辑和调制等功能，以后发展成集成电路(IC)。

1947年，美国发明了世界超级电脑，它的运算速度是5000次/秒，用了19000多个真空电子管。1958—1960

年，复旦大学研制出130计算机（130次/秒），它由电子管、电容器、电阻、继电器等元件组成。这个机器要放在80平方米的大教室里运行。1980年的台式机、苹果电脑，运算速度和存储量都远远超过1947年的世界超级电脑。2002年日本的超级电脑，运算速度是35万亿次/秒。2004年上海的超级电脑，运算速度是10万亿次/秒。

半导体微电子、光电子带领我们的世界走到今天，带动了整个高新技术的发展。如果没有它们，今天的世界可能还停留在40年前的阶段。计算机技术是网络技术的基石，促使信息时代、网络时代的到来，并深入到人们的日常生活。集成电路最早是从1959年、1960年开始，发展到今天有了10亿个晶体管的IC电路。有了它们，我们可以监视到沙尘暴的起源。我们的安全也可以通过基于光电效应的探测装置来监护。利用光电探测，我们可以监测到违禁物品。现在饮用水的水质又是一个问题，利用光电探测，我们随时随地都在监视主要水源的水质。不光是淡水，海水的污染如赤潮等也能得到监测。此外，卫星遥感数据还能对突发事件进行监测。高科技对医学监测的进步也起了很大的推动作用。内窥镜、核磁共振（NMR）成像、CT扫描以及微创伤手术等，都是近代光电高科技在医学方面的应用。

但是，科学走到今天也到了一个关键的时刻。加工到纳米尺度时，一个器件只包括几百几千个原子，几个几十个电子。单个微观粒子和单个量子的特性开始显现，波粒二象性的特性也开始显现。基于多量子现象及其统计规律的现有微电子、光电子技术（基石）的进一步发展面临巨大障碍，是现有科学极限的障碍。大家认为，第二次量子革命已经来临。科学家，包括物理学家，已经为此工作了30年，并将继续奋斗下去。到现在，这条路怎么走下去，大家还需继续探究。

四、爱因斯坦其人

爱因斯坦伟大的人格力量是科学的大无畏精神与谦虚求实、不耻下问作风的完美结合。他有着彻底的唯物主义精神，敢于提出与当时的科学理论大相径庭的学说，这非常了不起。他不光跟同事讨论时不耻下问，即便是跟孩子们讨论时，也非常谦虚可爱。我在这里讲一个故事。一个小女孩问他，你是大科学家，一定懂得非常多。他画了一个大圆和一个小圆，说大圆里面是我懂得的，小圆里面是你懂得的，两个圆的边界都是我们不懂的。因此，我不懂的东西远比你不懂的多。小小的故事表现出他在科学上的大无畏精神和实在的品质。

爱因斯坦逝世于1955年4月18日，葬礼非常简单，没有遗体告别，没有鲜花，没有哀乐。他的骨灰散落在不知名的地方，包括他的亲人在内，仅有12人参加了他

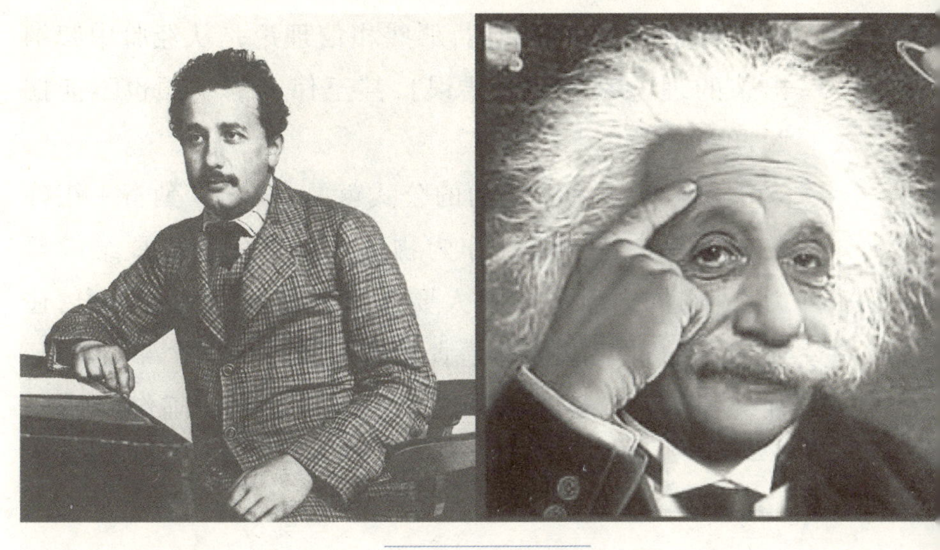

▲图3 爱因斯坦

的葬礼。在1952年时，以色列政府邀请爱因斯坦担任总统，他谢绝了。他说，他只会做一个科学家，而不懂如何做一个总统。这才是一位真正的科学家。

一生中，他总是支持社会正义和公正，反对战争。1921年和1922年，爱因斯坦曾两度到过上海。并且，就在去上海的船上，他获知自己被授予诺贝尔奖。他深切同情苦难中的中国人民。1932年和1936年，他曾两度联合英美知识界声援中国被捕的进步人士、知识分子。

让我们记住爱因斯坦关于科学的两段语录：1. 纯粹的逻辑思维不能给我们关于经验世界的知识；一切关于实在的知识，都是从经验开始，又终结于经验。2. 我们

现在特别清楚地领会到，那些相信理论是从经验中归纳出来的理论家是多么错误！甚至伟大的牛顿也不能摆脱这种错误。

爱因斯坦关于成功的公式就是：成功 = 勤奋 + 正确的方法 + 少说空话。作为物理科学家的我们要继续努力奋斗，同时希望年轻人要为祖国发展而刻苦学习，往往伟大的科学思想都是青年时代提出来的。我也呼吁社会各界人士要理解科学家，多多支持科研工作。

★致谢：本文采用的卫星云图和卫星发射照片由陈桂林院士提供，作者深表感谢。

光学，明天更辉煌

周立伟

【作者简介】周立伟，男，汉族，浙江诸暨人。电子光学与光电子成像技术专家、教授、博士生导师，中国工程院院士。1932年9月17日生于上海，1958年毕业于北京工业学院(现北京理工大学)，1966年获前苏联列宁格勒乌里扬诺夫电工学院数学物理副博士学位。曾任国务院学术委员会学科评议组成员、北京理工大学校学术委员会主任、中国光学学会副理事长等职。现任北京理工大学首席专家、校科学技术协会主席，兼任国家科学技术奖国防科工委评审委员会委员、兵器工业科学技术奖评审委员会委员、

全国博士后管委会专家组成员、北京光学学会理事长等职。

周立伟院士研究同心球系统与移像系统的电子光学、阴极透镜像差理论、电子光学传递函数、曲轴宽电子束聚焦普遍理论、动态电子光学及时间像差理论、宽束电子光学成像系统的正、逆设计等，在更普遍的基础上建立了宽电子束聚焦与成像较为完整的理论体系，发展了静态和动态宽束电子光学。该理论和方法丰富了电子光学科学宝库，且应用于工程实践，为我国微光夜视行业由仿制走上自行设计研制、自主发展开辟了道路。

周立伟院士发表学术论文200余篇，出版专著4部。其专著《宽束电子光学》荣获第八届中国图书奖、第二届国家图书奖提名奖和第七届全国优秀科技图书奖一等奖。他的研究成果荣获光华科技基金一等奖一项、部科技进步一等奖、二等奖各两项，国家科技进步二等奖和三等奖各一项等。1984年被授予“国家级有突出贡献的中青年专家”称号，1996年获“全国兵器工业系统先进工作者”荣誉称号，1997年被俄罗斯萨玛拉国立航天大学授予名誉博士称号，1999年当选为中国工程院院士，2000年当选为俄罗斯联邦工程科学院外籍院士。

光学如同力学、电学一样，是物理学的一个重要分支。20世纪的100年间，相对论、量子力学、激光、光纤通信的相继出现，改变了人类社会的面貌，而它们的诞生就与光学和光子学的发展和深入研究息息相关。20世纪的科技实践表明，光学的发展历程也是人类创造性思维历程的一部分。

对光和光子的认识和利用每前进一步，人类社会就前进一大步。昨天的光学成就非凡，今天的光学欣欣向荣，明天的光学将更加辉煌。

一、光的研究促进了人类社会的发展

光学孕育了现代科技的基础，或者说，现代科技是从对光的认识开始发展的。光学在20世纪对现代社会和现代科学技术至少有两大贡献和功绩：一是20世纪初期两个最重大的发现（相对论和量子力学）与光有关，二是光学和光子学的发展促进了信息社会与形成。

1. 20世纪初期两个最重大的发现（相对论和量子力学）与光有关

20世纪的100年间，相对论、量子力学、激光、光纤通信的相继出现改变了人类社会的面貌，而它们的诞生与光学和光子学的发展和深入研究息息相关。光子技术的出现和发展与20世纪最伟大的科学发现之一的量子力学密切相关。

1905年，爱因斯坦提出的狭义相对论就是基于关于光的速度不变性的假设。1915年，爱因斯坦提出的广义相对论理论的检验也是基于光的实验：引力场会使光线偏转，光谱线的引力红移。

1900年，普朗克提出了量子假说，即辐射能量量子概念。他原先是为了解决当时所谓“紫外灾难”而提出黑体辐射的能量分布公式，但需假定物体的辐射能不是连续变化的，而是以一定整数倍跳跃式地变化，便能对他（普朗克）的黑体辐射公式作出合理的解释。这个最小的不可再分的能量单元称为“能量子 ”或“量子”。当时的物理学家认为量子假说与物理学界几百年来信奉的“自然界无跳跃”的观念直接矛盾，连普朗克本人甚至想放弃量子论，继续用能量的连续变化来解决黑体辐射问题。但普朗克的量子假设已经为新物理学，特别是量子力学的发展奠下了第一块基石。

第一个意识到量子概念的普遍意义并将其运用到光电问题上的科学家是爱因斯坦。1905年，爱因斯坦在光电效应的基础上（即光电子的速度与所吸收的频率有关，而与光的强度无关）提出了光子概念，他认为光也是由最小的能量单元$h\nu$-光子组成（ν是光的频率，h为普朗克常数）的粒子所形成的光子流，并假定光的能量是

集束成一个个能包，这些能包叫做光子，从而解释了光电效应中出现的“红限”现象，建立了光量子论。

爱因斯坦的光量子概念是在光学进程中人们对光的本性认识的又一次新的飞跃。光量子论的提出使光的本性的历史争论进入了一个新的阶段。自牛顿以来，光的微粒说和波动说此起彼伏，争论不已。爱因斯坦的理论重新肯定了微粒说和波动说对于描述光的行为的意义，认为它们均反映了光的本质的一个侧面：光有时候表现出波动性，有时候表现出粒子性，但它既非经典的粒子，也非经典的波。这就是光的波粒二象性。长期以来，人们基本上以这种观点来认识光的本性；但现在人们在量子力学的水平上，对光的本质认识又大大提高了一步。

此后，1913年尼尔斯·玻尔提出了原子模型，其中的电子只能处于分立的能级（围绕原子核的不同轨道）上。玻尔、薛定谔、海森伯的量子力学理论的提出又进一步推动了光的发射和吸收的量子光学的进展，从此光学理论的发展在近一个世纪中便同量子物理学的发展联系起来了。20世纪二三十年代，在量子物理学领域，可以说是巨匠和大师辈出的时代：丹麦的尼尔斯·玻尔是哥本哈根学派的领袖，他的理论贡献是提出了氢原子结构的理论并解开了氢光谱之谜；他被认为量子电子学的奠基人。法国的路易-德布罗意提出了物质的波粒二象性理论。奥地利的欧文·薛定谔提出了描写粒子运动的微分方程——薛定谔方程。德国的沃纳·海森伯提出了量子力学中的测不准原理,并推导出一个描写粒子运动的矩阵方程——海森伯方程。英国的保罗·狄拉克证明,薛定谔的波动力学和海森伯的矩阵力学在数学上是等价的。海森伯的测不准原理对20世纪科学有着重大的影响。狄拉克还创立把相对论与量子论统一起来的相对论量子力学。这一理论的发展势头一直延续到今天。

追溯20世纪科技的发展,科学家都认为,普朗克、爱因斯坦、玻尔等对光的本性的认识和基础研究,使得对物质结构的认识深入到原子的层次。特别是光电效应的研究导致光子的发现,以及表达能量质量转换规律的爱因斯坦方程的提出,成为研究基本粒子和原子能的基础,导致了量子力学和相对论的诞生,促进了近代物理学的发展。20世纪中推动了人类社会发展的核能、半导体、激光、大规模集成电路、计算机芯片和光纤通信等高科技正是源自量子力学和相对论。

2. 光学的发展促进了信息社会的形成

首先谈激光器。1917年爱因斯坦在用统计平衡的观点研究黑体辐射的过程中,得出了一个重要结论:自然界存在两种不同的发光方式,一种是自发辐射,一种是受激辐射。自发辐射是原子从高能态到低能态自发地进行的，与辐射场无关，且不存在逆过程。受激辐射是爱因斯坦在量子论的基础上提出的一个崭新的概念，即在物质与辐射场的相互作用中，构成物质的原子或分子可以在光子的激励下产生光子的受激发射或吸收。而受激辐射则是在辐射场的激励下才得以发生。特别是它与辐射场的相互作用是双向的，既可以从高能态跃迁到低能态并辐射光子，也可以吸收光子能量，从低能态跃迁到高能态。爱因斯坦引入了自发辐射系数 *A* 和受激辐射系数 *B*，不仅能很好地推导出普朗克黑体辐射公式，而且能将普朗克公式中的常数 *C* 与这两个系数 *A* 和 *B* 很好地联系起来：波长越短的电磁波受激辐射系数 *B* 越小。光波波长比微波波长小 5 个数量级以上，故光波的受激辐射系数比微波受激辐射系数要小 15 个数量级以上。显然，光波受激辐射比微波受激辐射实现起来困难得多，这就是波长较长的微波激射器（MASER）要比波长较短的光激射器（LASER）更早地制作出来的原因。

爱因斯坦这一概念的提出已经隐示了，如果能使组成物质的原子（或分子）数目按能级的分布出现相对于热平衡分布（玻尔兹曼分布）的反转，就有可能利用受激发射实现受激辐射光放大（Light Amplification by Stimulated Emission of Radiation- LASER），即激光。他的这一发现对后来的激光和现代光学与光子学的发展起了决定性的作用。

尽管物理学家们知道爱因斯坦的思想，且用实验证实过受激辐射的存在，但由于物理学家们受到严格的教育和传统观念的束缚，他们认为："世界总是处于热平衡状态，或非常接近热平衡状态。在平衡状态时，无论温度多么高，低能态上的原子总比高能态上的多，因此，吸收总是超过受激辐射引起的负吸收。"当然，在20世纪二三十年代，还受到当时的生产力和科学技术发展水平的限制。

20世纪50年代初，少数目光敏锐又勇于创新的科学家——美国的汤斯(Charles H. Townes)，前苏联的巴索夫(Nikolai G. Basov)和普洛霍洛夫(Aleksander M. Prokhorov)——创造性地继承和发展爱因斯坦的理论，提出了利用原子、分子的受激辐射来放大电磁波的新概念。1954年，汤斯领导的小组第一次实验成功了氨分子微波量子振荡器(MASER)。由此诞生了一个新的学科：量子电子学。它抛弃了传统的利用自由电子与电磁场的相互作用实现电磁波的放大和振荡的方法，开辟了利用原子(分子)中的束缚电子与电磁场的相互作用的受激辐射来放大电磁波的新思路。

接着，微波技术和通信等电子学的应用提出了将无线电技术从微波推向光波的需求。这就需要一种能像微波振荡器一样产生可以被控制的光波的振荡器，即激光器。它也是当时的光学技术迫切需要的一种强相干

光源。虽然光波振荡器从本质上也是由光波放大和谐振腔两部分组成，但是如果沿袭发展微波振荡器的老路——在一个尺度和波长可比拟的封闭的谐振腔中利用自由电子与电磁场的相互作用实现电磁波的放大和振荡——很难实现光波振荡，因为光的波长太短了。这是极大的挑战与机遇：如何实现光波的放大与振荡？传统微波电子器件的工作原理遇到了巨大困难。

到20世纪60年代初，对光波的振荡器的构思，总结了产生激光必不可少的条件是：

(1) 要有含亚稳态能级的工作物质；

(2) 要有强大的合适的泵浦，使介质中粒子被抽运到亚稳态，并实现亚稳态上的粒子布居数的反转分布，以产生受激辐射光放大；

(3) 要有光学谐振腔，使光往返反馈并获得增强，从而输出高定向、高强度的激光。

人们明白了产生激光的可能性，便立即开始了向光波量子振荡器（即激光器）的进军。面对的难题是怎样实现光波谐振腔？1958年，汤斯和他的年轻的合作者肖洛（Arthur L. Schawlow）又抛弃了尺度必需和波长可比拟的封闭式谐振腔的老思路，提出了利用尺度远大于波长的开放式光谐振腔的新思路，这实际上是巧妙地借用了传统光学中早已有的FABRY- PEROT干涉仪概念。

1958年，布隆伯根（Nicolas Bloembergen）又提出利用

光泵浦三能级原子系统实现原子数反转分布的新构思，成为获得粒子数反转(光放大条件)的经典方法。至此，关于激光器的基本构思已经完成，全世界许多研究小组参加了研制第一个激光器的竞赛。机遇偏爱有准备的头脑，当时美国休斯公司实验室的一位从事红宝石荧光研究的年轻人梅曼(Theodore H. Maiman)敏锐地抓住机遇，勇于实践，使用今天看起来非常简单的方法。他用一个直径约9.5毫米、长约19毫米的红宝石棒，两端镀银，一端为半反射输出，螺旋状闪光灯环绕激光棒，外面再加一个聚光器。这样使光更有效地被红宝石棒吸收，由于增强了泵浦能力，终于在1960年7月演示了世界第一台红宝石固态激光器。

激光发明的本身生动地体现了科学研究中创造性思维的重要性。激光发明之后的40多年，它又导致了一部典型的学科交叉的创造发明史，而且进一步体现了人的知识和技术创新活动是如何推动经济、社会的发展，从而造福人类的物质与精神生活的。自梅曼以后，具有不同学科和技术背景的一批发明家接二连三地发明了各种不同类型的激光器和激光控制技术。例如半导体激光器，固体激光器，气体原子激光器，气体离子激光器，气体CO分子激光器，气体准分子激光器，金属蒸汽激光器，可调谐染料及钛宝石激光器，自由电子激光器，极紫外及X射线激光器，激光二极管泵浦全固态激光器，光纤放大器和激光器，光学参量振荡及放大器，超短脉冲激光器，等等。与此同时，各种科学和技术领域也纷纷应用激光，并形成了一系列新的交叉学科和应用技术领域，包括信息光电子技术、激光医疗与光子生物学、激光加工、激光检测与计量、激光全息技术、激光光谱分析技术、激光雷达、激光制导、激光化学、激光分离同位素、量子光学、非线性光学、超快光子学、激光可控核聚变以及激光武器。

激光器的发明是20世纪的重大成就之一，它被认为是继原子能、半导体、计算机之后的又一重大发明。计算机延伸了人的大脑，而激光延伸了人的感官，成为探索大自然奥秘的超级“探针”。激光开始了光学领域里的一场新的革命，它使近代光学和电子学联姻，诞生了光电子学，不知不觉地已经改变和正在改变我们的生活。

其次是光纤通信与互联网。激光发明后，人们立即开始研究它在信息技术（例如激光通信）中的应用，但是却遇到了很大的技术困难。首先是多数激光器的体积大、效率低、寿命短，只有半导体激光器体积小、效率高。但是，早期的半导体激光器只能在低温（液氮）下脉冲工作，无法实用。当时也没有一种理想的传输光的手段，只能在大气中试验光通信，无法实用。因而信息光电子技术的发展经历了十多年徘徊，等待着新的技术思想突破。20世纪60年代末到70年代初，终于出现了两个促成信息光电子技术实用化和产业化的关键的技术创新:双异质结半导体激光器和光导纤维。

阿尔菲洛夫(Zhores I.Alferov)和克罗默尔(Herbert Kroemer)等提出了半导体双异质结新构思，他们为此而获得了2000年诺贝尔物理学奖。在这之前的半导体激光器都是利用同质结半导体结构，它对电子和光子的约束力都比较弱，因而激光器只能在低温(液氮)下脉冲工作，而新构思的双异质结构却对两者都有很强的约束。异质结构的引入导致室温连续激射的实现。异质结半导体激光器是半导体激光器的一个里程碑。现在，半导体量子阱激光器是半导体激光器的又一个里程碑。

1966年，在英国标准通信公司实验室进行光纤通信研究的华裔科学家高锟第一个提出，如果消除光纤中的有害杂质，它的传光能力将大幅度提高，可用于实际通信。他和霍克哈姆(George Hockham)一起预言了用基于光学全反射原理的光导纤维来传输光的可能性。

1970年，柯宁公司的科克(Donald Keck)、舒尔兹(Peter Schultz)和毛瑞尔(Robert Maurer)实现了高锟和霍克哈姆的预言，开发出实用的光纤产品。这两大技术突破，加上后来在此基础上出现的半导体量子阱光电子器件和光纤放大器等重大发明，促使光子和电子迅速结合并蓬勃发展为今天的信息光电子技术和产业。光子以其极高的信息传输速率和容量、极快的信息处理速率、优越的并行处理与互联能力和巨大的信息存储能力,补充了电子的不足并相互交叉融合,有力地促进了信息技术的发展。这里我们再一次看到了创造性思维在科学技术发展中的重要作用。这样,20世纪80年代初,以光导纤维(光纤)为传输介质的信息传输系统——光纤通信的出现,它以低损耗石英光纤和半导体激光为基础,具有通信容量大、传输损耗小、抗电磁干扰性能好、保密性好的优点。光电子学和光导纤维的诞生从此开始了通信领域的一场革命。

光纤通信技术的应用使得现代网络成为可能,对我们的工作、生活产生了深刻的影响,已经改变了并将继续改变我们的生活方式。在互联网发展过程中,密集波分复用技术(DWDM)起了决定性的作用。我们知道,未来信息社会对多媒体信息传输的频带宽度(容量)要求越来越大。前面提到的光纤在一个波长通道上的10千兆比特/秒的传输速率是远远不够的。于是人们自然地想到了增加波长通道的方法,即在一根光纤上同时传输多个不同波长的信道,它在一定的波长窗口内,每隔0.8纳米(或其倍数)安排一个波长。例如,每个波长传播2.5吉比特/秒(Gb/s),则光纤上的8个波长的等效的总传输速率为8×2.5吉比特/秒(Gb/s)。这就是所谓的波分复用(Wavelength Division Multiplexing-WDM)光纤通信技术。但是这种方法在其发展过程中曾经遇到很大的困难,即每一个信道都要有适合于一个特定波长的中继器。因而波分复用(WDM)光纤通信系统就需要大量中继器,而这在经济上是不可行的。波分复用技术等待着中继器件的新突破。20世纪80年代中期,一种称为掺饵光纤放大器(Erbium Doped Fiber Amplifier-EDFA)的中继器件应运而生,它可以同时放大多个不同信道波长的光,因而节省了大量中继器,使波分复用光纤通信的商用化成为现实。目前密集波分复用技术(DWDM)的水平已达到:高速(每个波长的传输速率已达到40Gb/s)、密集(一根光纤里面可以传输160信道)、长距离传输(1 200千米)。DWDM使光学纤维在长距离通信上携带空前未有的通信量,从而引发了超大容量光纤通信和网络的一场革命。

光子技术推动着信息技术向更高的水平前进。高速大容量DWDM全光信息网络依然是21世纪初的重要发展方向。可以说,点对点的DWDM光纤传输系统在满足未来信息社会的带宽要求上已经不存在原则上的技术限制了。但是,DWDM光纤传输系统在组成网络时却因通信节点的电子交换瓶颈而远不能满足上述带宽要求。因此,发展一种新的光网络来适应21世纪的需求,已经是十分紧迫的任务了。DWDM全光网络(All Optical Network-AON)的特点是:传输到网络节点内的光信号不再需要进行光—电—光的转换处理,而是“以光子的形式处理信息”。它利用光波分复用传输和以光波长路由为基础的光子上下路节点(Optical Add/Drop Multiplexer-OADM)和光子交叉连接节点(Optical Cross Connection-OXC)等新技术,可望克服电子交换的限制。太比特(T bit/s,意味着一对光纤可传1 200万路电话)DWDM全光网络将组成全球信息基础设施的骨干网络。以光纤到家(Fiber to the Home-FTTH)为最终目标的光纤接入网也将作为信息高速公路的神经末梢进入楼房或家庭,为人们提供高清晰度电视、远程教育,远程医疗、电子商务、点播电视和可视电话等质高价廉的信息服务。这也是一个与人类生活方式紧密联系的、市场前景巨大的领域。

这样,在20世纪90年代,光纤通信与个人计算机的结合,进入了一个以互联网发展为中心的创新高峰期。互联网的发展是信息技术发展过程中一个重大的“革命性”转折。20世纪90年代因此被称为信息技术发展的“互联网时代”。它比起历史上铁路、电力、汽车等的创新,规模与影响更加空前,使人类从此进入了信息社会。

如果20世纪没有光学的迅猛发展,即没有20世纪初科学家们对光的本性的认识促进了相对论和量子力学理论的形成,没有20世纪60年代激光器的发明,没有20世纪80年代光纤通信的出现,没有20世纪90年代大

存储量光盘的发展，也就不可能有今天的互联网时代，我们的生活也不会像今天这么丰富多彩。

但是，在中国，光学这一门学科并不像它所发出的炫目光彩那样辉煌，在社会和公众的心目中似乎并未取得应有的位置，甚至在某些领导和专家的心目中，光学（工程）仍不被认为是一门独立的一级学科，而是从属于电子学或仪器科学的二级学科；或者认为光学的面太窄，它无非是几片镜头加机械结构如望远镜、放大镜、照相机和显微镜而已。这是对光学极大的误解，光学还没有被社会广大公众所了解和理解，实在是很遗憾的。

光学发展到今天，其内容已远不止传统光学研究的对象，如望远镜、显微镜、照相机、放大镜等。今天的现代光学，内容由光学精密机械仪器扩展到激光、微光、红外热成像、X射线/紫外、全息、光纤与光纤通信、光探测、光存储、光集成、光信息处理、图像处理、图像融合、灵巧结构、机器人视觉和光计算等，这些都被认为属于现代光学与光子学的范畴。它的应用已遍及各个领域，如空间、能源、材料、微电子、生物工程、化学工程、医疗、环境保护、遥感、遥测、精密加工、计量、通信、印刷、能源、生态环境、防灾、农业、交通、生命科学、资源保护、文化生活以及军事等领域。光学和光电子学的应用是如此广泛，与我们的关系是如此密切，以致我们可以这样说，社会主义现代化建设中没有一个部门，没有一门技术学科

不与光学密切相关；今天的文明生活、科学、技术、文化都离不开光学，明天社会的发展更有赖于光学。

从上面所讲的内容中可以看出，光学对现代社会进步和发展的作用尚未得到应有的广泛了解。造成这样的情况，说明我们对于光学的宣传工作做得很不够。因此，我们光学界当前一个重要和迫切的任务就是要大力普及光学知识，让人们认识光学，理解光学，用好光学，享受光学。

二、20世纪现代光学的发展

王大珩先生把20世纪的光学称为近世光学，它可分为近代光学和现代光学。

近代光学：从量子光学的研究开始，研究以光的量子性质为基础的光学现象和理论，例如光的波粒二象性、原子、分子、凝聚态光谱学、光电效应、光化学等。

现代光学：从第一台激光器诞生开始，研究激光、光电子学、光学信息处理为基础的光学现象、理论和技术，它的发展以光与物质光波中的电子相互作用及其能量相互转换作为更重要的研究内容。光学与机械（包括仪器）、电子、计算机、材料及信息等学科相结合，加速由传统光学技术向现代光学——光子学技术的战略转移。

现代光学不仅将光作为信息传递的手段，研制出各种光学仪器和设备，扩展人们的视觉功能（观察）、听觉功能（通信）、触觉功能（测量）等（众所周知，视觉和听觉占人的感觉、知觉的90%）。而且，光可取能量的形式，利用光对物质产生的物理化学反应来改变物质的形态和属性，如激光核聚变及能量密度最高的能源等；再者，光亦可作为加工处理的手段，如利用激光进行材料加工或医疗手术等。

总结一下20世纪的光学，其主要特点有以下几个方面。

1. 光学领域的扩展

波段：由可见光向两端扩展，短波→X射线、紫外，长波→近红外、中红外、远红外，于是就有X射线光学、紫外光学、微光夜视、红外光学等；

时间：天文时间→原子反应时间≈10^{-15}秒；研究由静态光学扩展到瞬态光学，如纳秒、皮秒、飞秒等超快速现象；

光强：单光子→激光光源→星际光源；

尺度：百亿光年→单原子尺度，介观尺度～与波长同量级，研究天文光学到纳米光学；

作用：宇宙，宏观，介观，微观；研究宏大光学（天文望远镜）到微小光学（微透镜）；

波长：单色性及相干性，研究激光器、激光全息。

2. 应用功能的扩展

光学工程已成为一门综合技术的学科，“光（光学）、机（精密机械）、电（电子）、算（计算机）、材（材料）”等高技术相互融合已成为主要内涵。

现代光学仪器作为人眼功能的扩充，表现在多功能、高效率的光机电算一体化，技术手段的自动化、数字化、智能化，获取数据的内容从静态转向动态，从有感信息到无感信息。

光（光子）已不仅是信息载体，作为信息传递的手段认识世界；光（光子）也是能量载体，能改变物质的形态，作为能量、加工的手段改造世界。

3. 研究内容的扩展

今天我们所谈的光学，其内容已远不止传统光学研究的对象，如望远镜、显微镜、放大镜等。发展到今天的现代光学，内容扩展到全息、激光、微光、红外热成像、X射线/紫外、光纤与光纤通信、光探测器、光集成、光信息处理、图像处理、图像融合、灵巧结构、机器人视觉和光计算等，这些都被认为属于现代光学与光子学的范畴。

4. 应用范围的扩展

现代光学和光子学的应用已遍及各个领域，如空间、能源、材料、微电子、生物工程、化学工程、医疗、环境保护、遥感、遥测、精密加工、计量、通信、印刷、能源、生态环境、防灾、农业、生命科学、资源保护以及军事等领域。特别是在信息领域的应用方面，不少学科分支和方向已经形成了大规模的产业。1995年，全世界光学和光(电)子学技术产业规模已达700亿美元，2000年达到1 030亿美元。可以预期，光学和光子学将成为21世纪初的一个骨干产业。

20世纪是光学的大发展的年代，这100年来，我们可以清晰地看到传统光学及其仪器向现代光学及其仪器(现代光电子仪器)的演变和转化。从传统光学及其仪器过渡到现代光学及其仪器，实际上有一个较长的由旧至新的逐渐演变的过程，两者之间并不存在不可逾越的鸿沟。它们之间的重要区别和主要特征有以下几个方面

1. 传统光学仪器是以经典理论——几何光学或物理光学的原理为基础，应用领域受到很大限制；现代光学仪器突破了传统理论的束缚，拓宽了可见光的概念，从可见、微光、红外、激光、光纤到光信息的各个波长；其原理是波动光学、量子光学、光信息理论，不再局限于古典和经典光学的狭窄领域。

2. 传统光学以光学、机械为主体，主要是光学-机械仪器；现代光电子仪器和设备冲破了光机的基本结构，具有光机电算一体化的特征，开始走向自动传感、微

机控制、CCD摄像监视、智能操作、图像处理。电子技术和计算机成为光学仪器不可分割的主要部分。

3. 传统光学仪器基本上是视觉参与下的人机系统，离不开人的操作和观测，其观察、测量大部分靠人眼作为传感器，靠人来操作、控制。而现代光学仪器已完全冲破这种经典模式，操作、检测和数据处理由计算机控制，自动化与智能化程度、工作方便性和可靠性均大大提高。

4. 由于信息革命及多媒体技术的发展，现代光电子设备及系统越来越明显，要求从模拟量走向数字化，从单一终端走向网络，从一台套的单功能走向网络终端的多功能。

5. 从涉及的原材料、功能元件来看，也从简单的玻璃、机械走向多种原材料和光电子器件。由于二元光学的出现，光学元件也愈来愈微型化、多元化、阵列化、集成化，这将使系统更为紧凑和轻便。

6. 从设计方法上看，传统光学仪器除光学设计外，总体与结构设计的主要方法是模仿、参考设计与经验设计；现代光学仪器则越来越多地采用计算机辅助设计、优化设计和“三化”设计。仪器设计方案的制订不单纯考虑某一产品，而是整个系列仪器。各品种之间零部件通用性很强、标准化程度高、采用标准件多，因而产品成本下降，质量提高。

7. 从技术发展速度来讲,现代光学仪器的循环周期越来越短,更新速度越来越快,标新立异的现象经常出现,且软件的比重急剧增加。

20世纪的中后期,传统光学仪器向现代光学仪器的过渡和转变,主要是靠扩大微电子技术在光学仪器中的应用,实现光机电算一体化,这是现代光学仪器的最重要的特征。其中关键在于计算机化和自动化,而微电子技术是这一过渡和转变的基础。应用微电子技术和计算机,可提高仪器的使用价值,即提高技术性能、工作效率、仪器质量和可靠性。例如采用自动图像分析和图像处理的方法可以提高效率150倍以上。应用微电子技术和计算机还有利于采用新的工作原理,使仪器结构明显改进和简化。光学仪器中微机的使用,便可以用微电子器件或简单的机械和微电子组件来代替原结构中光学、机械以及电子学中成本昂贵的组件,从而提高了经济效益。

20世纪光学的进展中的一个显著特点是,光在信息领域大显身手,光电子主动地进入信息界广泛的领域,无可争议地成为信息产业的主角之一。以光的方式采集的CCD器件已进入各个领域,采用线阵或面阵CCD图像传感器在扫描仪、传真机、摄像机、摄录机、数字照相机等方面广泛应用,其发展无可限量,而且它使很多方面的光信息数字化。在图像显示和复制设备方面,激光照排、印刷、分色、打印、复印、传真等已经改变了印刷业的面貌，已经组成了一个庞大的产业。在机械领域，激光在加工（包括打孔、切割、焊接、表面处理等），激光光刻与激光微细加工（0.3~0.5 微米），X 射线光刻（小于 0.3 微米）等大显光彩；在能源领域，太阳能电池已开始为空间卫星提供能源，而在未来，激光核聚变也许最终会解决地球上的能源问题；在显示技术方面，液晶大屏幕显示以及有机发光显示（OLED）也许会成为下一代电视的主流。光纤通信以低损耗石英光纤和半导体激光为基础，已经形成当今通信的主体和方向；在成像和探测领域，光电子成像器件和红外探测器使极微弱光和不可见光（微光、红外）的探测和成像成为可能。

光电子的应用和扩展几乎渗透到国民经济和社会生活的各个领域。如生理光学以人类的视觉作为研究的对象，对视觉的机制和结构的了解，这将有助于机器人视觉、图像识别、神经网络等研究。在生物工程领域，有激光诱导细胞融合，激光显微切割染色体；在医疗方面，有激光光谱诊断、治癌激光临床医疗，利用激光技术探测艾滋病毒和治疗艾滋病等；在化学工程领域，有激光引发化学反应，光化学沉积，激光化学提纯等；在流通领域，有全息商标、全息饰物、激光标记、纸币防伪标识等；在环境保护方面，有大气污染激光监测等；在计量领域，有无接触测速、测长、测径、测温，计量标准，物质分析等;在材料领域,有非线性光学材料、光电子学功能材料、激光工作物质等;更不用说在航空、航天和军事领域了,光电子的应用可以说不胜枚举。

现代光学和光子学的进展,已形成了一系列学科分支,如非线性光学、导波光学、强光光学、全息光学、自适应光学、X射线光学、天文光学、激光光谱学、瞬态光学、红外光学、遥感技术、声光学、成像光学,等等。现代光学和光子学的一个最大特点是对其他学科和各个技术部门有很强的渗透力。如光学和光子学与物理学结合,便有激光物理学、量子光学、激光等离子体物理等;与化学结合,便有光化学、激光诱导荧光光谱学等;与生物学结合,便有激光生物学,生理光学等;与医学结合,便有激光医学。在当代,可以这样说,没有一个技术部门不与光学和光子学有联系。以兵器上的应用为例,光学装备便是发现敌人、瞄准敌人的高级传感器系统,是武器的眼睛,它完成对敌方进行侦察、监视、预警、瞄准以及通信等任务。于是有微光夜视技术、红外热成像技术、光电火控技术、光电对抗技术、坦克光电系统及技术、野战信息数字化光电子技术、精密制导技术,以及激光武器、激光测距、激光制导、激光雷达、激光引信,等等。

现代光学与光子学的研究内容可概括如下:

(1) 以光作为信息传递的媒介,对客观事物进行认识与了解,特别是它作为视觉及其他人体感官的延伸,从而包括图像及多维时空信息的传输、存储、处理、显示等。

(2) 光的产生，如激光、发光光源等。

(3) 光对物质相互作用的应用，如光敏探测器件、光刻蚀、光化工等。或以光能量作为加工手段，如激光加工、激光核聚变、光能应用等。光(光子)不仅是信息载体，而且也是能量载体，它能改变物质的形态；

(4) 利用光学等效原理进行图像及多维时空结构的观察及处理，如微光夜视技术、变像管高速摄影等。

随着激光技术和光电子技术的崛起，现代光学和光学工程已发展为以光学为主的，并与信息科学、能源科学、材料科学、生命科学、空间科学、精密机械与制造、计算机科学及微电子技术等学科紧密交叉和相互渗透的学科。学科的交叉与渗透使现代光学产生了质的跃变，而且推动建立了一个规模迅速扩大的、前所未有的现代光学产业和光电子产业。在一些重要的领域，信息载体正在由电磁波段扩展到光波段，从而使现代光学产业的主体集中在光信息获取、传输、处理、记录、存储、显示和传感等的光电信息产业上。这些产业一般具有数字化、集成化和微结构化等技术特征，与传统的光学系统不断地实现智能化和自动化，从而仍然能够发挥重要作用的同时，对集传感、处理和执行功能于一体的微光学系统的研究，以及开拓光子在信息科学中作用的研究，将成

为今后现代光学和光学工程学科的重要发展方向。

光学的发展表明,人们对于光的认识经历了非常复杂的演变过程;20世纪的光学取得无比辉煌的成就,但是人们对于光和光子的认识,只能说刚刚开始;现代光学与光子学的发展也仅仅是初露头角而已。

三、光学,迈向光子学与光子技术的时代

美国宾州大学杨震环(Francis T. S. Yu)教授给我寄来了一张人类创造的现代科技发展图(见图1)。这张图描绘了自我国古代四大发明以来科技发展的进程,特别是人类创造的现代科技经历了蒸汽机时代,到机械时代、电子学时代、光子学时代。可以看出,机械学依然在发展着,而光子学欣欣向荣,与电子学比翼双飞。这张图对我们从事光学和光子学研究的人来说是极大的鼓舞。

1. 信息社会——以"3T"为标志

信息化时代将以"3T"作为标志。

社会运作对信息量的巨大需求将以太比特每秒超大容量量级(Tb/s = 1000Gb/s),相应的信息最快处理速度将达到皮秒量级($1ps = 10^{-12}s$)。

存储器的存储密度:将要求达到太比特(Tb)位元。

简而言之,21世纪的社会将是以"3T"为起点的高度

信息化社会。

2. 光子技术由此破门而入

20世纪是电子学的时代。雷达、微波通信、卫星通信的出现，半导体微电子学、大规模集成电路技术、电子计算机的发明，光纤通信的出现以及它与电子计算机结

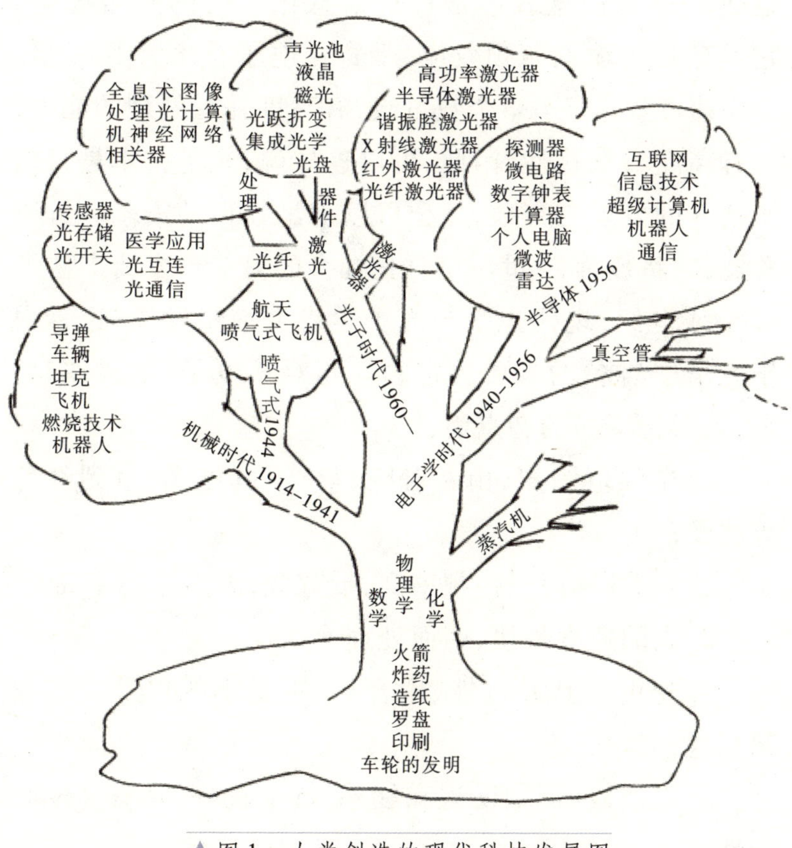

▲图1 人类创造的现代科技发展图

合，使人类迈进了信息社会。电子学与电子技术仍然是21世纪信息化社会的一个主要支柱。

电子技术无疑对20世纪文明社会的发展作出了奠基性的贡献，然而电子（或电磁波）技术受到荷电性、带宽、互扰等固有特性的物理限制，没有新的根本性的突破，已很难满足“3T”的需求。以光子或光波代替电子或电磁波作为信息载体是现代信息化社会的必然选择。它不存在传输的瓶颈效应，带宽比电子技术大1000倍，响应速度比电子快3个数量级，有高度并行处理的能力，并有高度的抗扰性，因此，可以这样说，光子技术是对电子技术的发展与突破，完全可以满足“3T”的需求。毋庸置疑，它将成为21世纪信息化社会的另一个主要支柱。

21世纪，现代光学与光子学将大踏步发展，这是由于光子（光波）的本质决定的。相对于电子（电磁波）而言，光子（光波）的特点为：

1. 光频范围宽，由X射线、紫外、可见光、直到红外等波段；

2. 光波段波长短，频率高，带宽宽，因而分辨率高；

3. 光的速度最快，因而处理速度快；

4. 光由于其并行性、串音小、不受干扰以及能在空间互连；

5. 光波段（例如微光和红外）抗干扰好，具有高度隐蔽性；

6. 光子具有较大的能量；

7. 光子间无相互作用；

8. 光(在光纤中)传输损失很小。

这并不是说，光子(光波)在一切方面都优于电子(电磁波)。实际，限制光学显微镜分辨率的主要原因则是光的波长。按照1924年德布罗意的理论，电子波长比光子波长短5个数量级，因之，运用电子束成像的电子显微镜可以提供比光学显微镜高得多的分辨率。20世纪70年代，电子显微镜的衍射限制的分辨率就达到0.2纳米。

3. 信息时代与光子学

目前光子学的研究内容、范围及人们对它的理解，还没有统一的认识。但可以看出，研究以光子为信息载体，包括光与物质(光子与光子、光子与电子)的相互作用及能量转换等诸多基本问题，是这一学科的基本内容。光子学的研究内容和范围，在许多方面，可以与电子学作类比。

关于光子学与光电子学二者之间的关系和联系，光学界的人士认为：

“光子学是物理学的两大分支——电子学与光学的融合，这种融合的初期产物即是光电子学，而其发展的更高级形式则是光子学。”在目前国际光学界，认为光子学的内容涵盖了光电子学。Photonics（光子学）的名词已逐步取代 Photoelectronics 和 Optoelectronics（这两个字的中文都译为“光电子学”）的名词，也取代了 20 世纪 70 年代常用的电光学（Electro-Optics）名词。这种认识，究其原因，从本质上来说，光子是起主导作用的。

通常所说所谓“信息时代”的到来，其含义是指进入 21 世纪后，社会上每个成员的生活、工作无不与信息的传输、重组、分析密切相关。从社会发展的角度来看，支撑信息社会的两个主要方面是发达的信息产业及先进的信息技术，两者具有相互依存的关系。

从技术发展的角度来看，众多学者又将 21 世纪称为“光子时代”，其意思是指人类社会在 20 世纪的“电子时代”（又称“微电子时代”）的基础上又向前发展了一步，即迈向“光子时代”。这样，人们不禁要问，信息与光子二者之间是什么样的关系呢？这当然不是几句话能说清楚的。简单地说，二者存在着“相互支撑、相互促进”的关系。

光子学与电子学相互依赖、相互渗透，许多概念、理论和原理是相互借鉴的。在信息社会里，电子（学）和光子（学）比翼双飞。我们看到信息光电子技术正是这两大学科的交叉和发展的结果。

光学与电子学的交叉→光电子学（光子学）

无线电（微）波技术（λ：-cm；υ：10^{-10}Hz）→光波技

术（λ：- μm； υ：10^{-14} Hz）

微电子技术→微机电技术→微光机电技术

我们知道，信息的获取可分为信息的探测、采集、处理、传输、显示及存储和拷贝等过程。由于信息量成倍地急剧增加，原来基于电波长波传送信息的通道拥挤不堪，因而基波由长波转向短波及超短波，最后只好转向光波。于是，光纤通信、光记录、光存储、光显示等进入了我们的社会和生活领域中。

信息化的技术基础的要求可归结为两大方面。

第一，是要求信息密度越来越高。这促使人们开发更短波长的信息载体，即光波。而且光波的运用由红外向短波、向紫外方向发展。

第二，是数字化的要求更加迫切。因为数字化比模拟量更准确，更容易合成，更容易压缩。从多媒体角度出发，图像传输直接用光更方便，如图像信息获取、存储，光纤传输，光纤通信，图像处理，光电显示（高速、实时）等。由此可见，光子学或光子技术在信息的探测、采集、处理、传输、存储及显示等诸多方面都显现出其突出的优点，具有很强的竞争力。

当今高速发展的信息社会，要求对复杂的信息进行实时、高速采集，大容量的快速传输，高密度的实时记录，大面积真彩色的显示和复制。而这一切，离开了“光子”是很难想象的。可以这样说，信息产业的需求极大地促进了光子技术的发展,而光子技术的发展使信息技术和产业出现革命性的变革。目前,支撑信息技术的三个主要方面是电子技术及微电子技术、光子技术(包括光子的产生、传输、控制和探测)、材料科学。它们和计算机软件等共同组成现代信息社会的基础。当然,电子技术及微电子技术发展历史悠久,技术趋于成熟,影响较大。而光子技术正处于发展时期,从发展战略上要给予更多的关注。可以这样说,光子学及光子技术的真正大发展,以及光电子工业的产业化是以数字化技术为代表的信息革命的出现而发展起来的。

4. 光子学和光子技术的优越性

光子学和光子技术在信息、能源、材料、航天航空、生命科学和环境科学技术中的应用必将促进光子产业的迅猛发展,而应用的热点是在光通信领域。这对全球的信息高速公路建设以及国民经济和科技发展起着举足轻重的推动作用。国际知名科学家预言:光子时代已经到来。光子技术将引起一场超过电子技术的产业革命。

光子技术的优点如下。

(1) 响应速度快:光开关器件的响应速度的理论值可达10^{-15}秒,即飞秒(fs)量级,而目前电子器件及其系统的响应时间最快达到秒,即纳秒(ns)量级,前者比后者

几乎高出6个数量级以上。

(2) 传输容量大：光子信息系统的空间带宽和频率带宽都很大，一路微波通道可以传送1路彩色电视或1 000多路数字电话信号；而光通信中以光纤(线)中的光子流代替电线中的电子流来传输信息。一对商用光纤可传24万路电话(20千兆比特/秒)。一条20芯(10对光纤)光缆可传240万路电话，相当于两个240万人口的城市间每人有一专用电话线。传输衰减小，中继站距离可长达几百千米。

(3) 存储密度高：可以用激光束(针)代替唱针在光盘上存储和读出信息。在一张直径12厘米的光盘上可以存储数千兆比特的数字信息(DVD-ROM)或四小时左右的高质量电影(DVD)。还可以像磁盘和录像带一样擦除和重录。

(4) 处理速度快：由于光的频率高，因而可以高速传递信息，而且利用多重波长，信息二维并列传送等，可以同时并行处理二维信息，便于三维并行互联及并行处理，特别有利于图像信息的处理、传输。

(5) 微型化、集成化：由于光波的波长短，光子信息系统的几何尺寸将大大缩小。小尺寸是光子技术的一大特点，未来的光子信息系统将足够灵巧和可靠。而光子集成将有源光电子器件(如半导体激光器、光放大器、光探测器)与光波导器件(分/合波器、耦合器、滤波器、调制器、光开关等)集成在一块半导体芯片上,构成了一种单片全光功能性器件。微光学是研究微米级尺寸光学元件或光学系统的现代光学分支,是在基底材料上用光刻、波导及薄膜技术制成的光学微器件;衍射光学是基于光的衍射原理发展起来的微光学,衍射光学元件是采用光刻和微细加工方法,用电子束、离子束或激光束的刻蚀技术制作而成,这就使透镜批量生产变得容易了,微光学特别是衍射光学的发展,使光学得以创新,使传统光学实现微型化、阵列化和集成化成为可能。

此外,还有信息获取(传感)灵敏度高,抗电磁和辐射干扰等优点。这些特点促进了一系列信息光子技术的成熟并最终形成了以光纤通信、光存储、光显示和光传感为主要内容的信息光电子产业。

光计算机、光盘、光纤通信、光探测器件、微光子技术、光集成与信息处理是光子技术的最重要的应用。结论是:发展光子学和光子技术,是信息时代发展的需要和必然。

四、光电子产业，迈向新世纪

1. 光电子技术的高科技特性

一般说来，光电子技术形成高科技产业具有以下特性：

战略性：对国家当前与长远的经济、科技、社会、军事的发展具有战略意义，是国家综合国力与战略力量的组成部分。

创新性：创新是光电子科技发展的灵魂。通过强化R&D投入，使光电子科技不断有所发现、有所发明，创造出具有自己的知识产权的科学技术，才能增强国际竞争力。

智力性：光电子科技是知识密集、技术密集型的高新科技。推动光电子科技发展，要靠智力与资本的结合。但是，从某种意义上讲，人才资源比资金更为重要。

驱动性：光电子科技是信息化带动工业化的有力技术支撑，是推动经济发展和社会进步的强大驱动力。

时效性：光电子科技的竞争十分激烈，只有适当超前研发军用光电子科技，才能具有战略威慑作用；只有适时推出创新产品，才能够占领市场，取得最好的经济效益。

风险性：光电子科技的探索处于科技前沿，任何一

项原创新的研究与开发都有风险，只有高瞻远瞩、科学论证，才能把风险降低到最低程度。

2. 光电子技术产业化的技术内容

(1) 作为光子产生、控制的激光技术及相关的应用技术

各种激光装置的设计制造技术、光放大技术、光调制、光开关、光滤波、光耦合、光稳频、光锁模、光限模、光调制与解调和光互联等技术。

(2) 作为光子传输的波导技术

光纤制作与应用技术、有源和无源光波导技术、光纤通信网及相关的光电器件、光纤传感技术、非线性聚合物波导互联技术。

(3) 作为光子探测和分析的光子检测技术

光电子成像（微光与红外热成像）技术、光谱分析技术、激光光谱技术、光计量技术、光电探测技术和遥感技术。

(4) 光计算与信息处理技术

光计算技术、光互联、激光雷达、激光测距、光制导和光陀螺。

(5) 作为光子存储信息的光存储技术

磁光记录、三维存储技术。

(6) 光子显示技术

无源液晶显示、有源液晶显示、电致发光、场致发光、等离子体平面、阴极射线管、发光二极管、三维全息显示、激光投影显示、硅芯片上液晶显示等。

(7) 利用光子与物质相互作用的光子加工与光子生物技术

激光材料加工、激光分离同位素、激光热核聚变、光诱导化学反应与气相沉积、激光育种与遗传变异激光医学诊断与治疗。

3. 迈向21世纪、市场巨大的光电子产业

光电子产业化内容很广，它包括信息光电子、能量光电子、消费光电子、军事光电子、软件和网络等领域。

光电子产业已成为21世纪最具魅力的朝阳产业。美国光电子产业振兴协会预计：世界光电子产业到2010年，将超过4 500亿美元。预计从2003年到2010年，全球激光加工市场的平均增长率约为13%，达到100亿欧元。其中，激光微加工系统市场的平均增长率将达到17.2%，激光加工设备的平均增长率将达到11.2%。

光电子产业近年来在我国也得到了蓬勃发展，我国已经形成了一个加速发展光电子产业的热潮。目前已经有十多个光电子产业基地，如北京、上海、武汉、广州、深圳、长春、石家庄、南京、昆山、宁波、温州、萧山、山东、重庆、西安、福州、南昌、合肥等。难怪实业界人士惊呼，

20 世纪是微电子世纪，21 世纪将是光子（光电子）世纪。

光电子技术的发展极大地推动光子学本身的发展并加快光子科学技术向其他科学技术领域渗透，将形成市场可观、发展潜力巨大的光电子产业：

(1) 光纤通信产业，

(2) 光显示产业，

(3) 光存储—光盘产业，

(4) 光机电一体化产业，

(5) 激光材料加工与合成产业，

(6) 办公自动化与商用光电子产业，

(7) 激光医疗器械产业，

(8) 激光器件产业，

(9) 激光全息产业，

(10) 光电子成像产业，

(11) 光子检测产业，

(12) 军用光电子产业，

(13) 光子材料产业。

预计有重大发展前景的光子产业有：

(1) 光计算与光信息处理产业，

(2) 全光光子通信产业，

(3) 光子集成产业，

(4) 聚合物光纤光缆产业，

(5) 聚合物光电器件产业，

(6) 光子传感器产业。

光电子产业一般可分为以下种类和产品：

(1) 光纤通信、器件、光开关

光源、放大器、有线电视分布网、光学调制器、转换开关、光纤、波分复用器、连接器、发送和接收模块等

(2) 信息光学设备

光学处理装置、记忆存储器件、条码机、打印机、图像处理、互联网、传真、显示器等

(3) 工业/医疗设备

机器人视觉、光学检测和测量、激光加工、非激光医疗设备、激光器等

(4) 非军用交通设备

自动内部显示元件、交通控制系统、光导航设备、驾驶舱显示系统、激光雷达测干扰系统、光学陀螺仪

(5) 军用设备

光纤地面和卫星通信系统、航天航空侦察系统激光雷达系统、光学陀螺仪、前视红外元件、夜视仪、军用导航系统、激光武器等

(6) 家用设备

电视、视频照相机、CD、VCD、DVD机、家用传真、显示屏、报警器等

(7) 光电子系统和组件

光电探测器、半导体光源、混合光学器件;

五、结束语

在21世纪,现代光学与光子学积极参与解决的科技问题有:信息高速公路、研究微观世界、增强国家实力(国民经济与国防建设)、光电子进入家庭、探索宇宙、人类健康、能源问题和农业问题,以及可持续发展项目(环境、防灾、资源维护、保健医疗等)。现代光学和光子学的未来,不仅仅是国民经济和国防建设,更重要的是利用光子学技术解决人类的健康问题。为了使地球上60亿人口都能过上健康的生活。

展望未来,光学与光子学在技术应用与科学发展两方面都还有巨大的机遇和创新的空间。光学与光子学的前沿,孕育着新的突破。即以激光技术而言,自激光器发明以来,已发现了大量的非线性光学效应,特别是各种频率变换和非线性散射效应的研究促进了新的激光器和激光光谱分析技术的发展。展望未来,光与物质的非线性相互作用效应及其在各种非线性光子器件中的应用研究仍将是光子学的重要研究方向之一。例如,光纤通信中的光纤非线性效应,光弧子的形成与传输以及未来全光通信网中的光子交换器件等。应当指出的

是，许多重要的非线性光学效应是与超短、超强激光脉冲技术或超快光子学的发展密切相关的。现在，我国中长期发展规划已把激光技术列为重大专项。新的激光介质、新的激光机理和新的激光效应及应用探索是研究的重点，要大力研究激光技术及应用发展中一些关键科学技术问题，如超高强度、超短脉冲、超宽调谐（三超）激光；超强问题、阿秒问题、超短波长、超宽调谐问题。

此外，在基础研究方面，光子学也正在孕育着突破性进展。在光和物质相互作用方面，非线性和非经典（即量子）光子学和技术可能在未来扮演越来越重要的角色。量子光学主要研究光子的量子特性及其在与物质相互作用中出现的各种效应和它的应用。量子光学与信息科学的交叉正在形成光量子信息科学并期望取得信息技术的革命性突破。以量子理论和信息科学的结合为标志的这场革命可能使诸如量子计算机、量子通信、量子密码技术、量子信息编码与译码、量子信息网络等令人耳目一新的概念转变为全新的信息技术。

王大珩先生在谈到光学与光子学的重要性时说："中国自称是龙的国家，我们是龙的传人。我们中国常把事业的兴盛发达比做龙的腾飞。龙要腾飞，就要靠龙头，因为它是神经指挥系统。神经指挥系统要靠眼睛——信息获得系统来认识世界，即所谓'画龙点睛'之说。有了眼睛，龙头才能使脊梁动作，龙才能腾飞。由此可见眼睛的重要性。眼睛是什么？就是光学、光子学。”

20世纪的科技实践表明，光学的发展历程实际也是人类创造性思维历程的一部分。对光和光子的认识和利用每前进一步，人类社会就前进一大步。但是，迄今为止，人类对光的认识和利用还是非常有限、非常表面的。我们今天对光的认识自然比360年前牛顿的时代进步多了，但也不过是比牛顿那时多找到了一些也许更为美丽灿烂的贝壳而已。

年轻时，当我读到牛顿在老年时把自己的成就比作在海滩上玩要的拣到一些美丽贝壳和石头的小孩子时，觉得难以理解。当时的理解是，牛顿太谦虚了。事实上，这是牛顿经过深刻的思考后对人生、对科学的理解。这不是“不可知论”，而是他对科学真理的追求和认识是无止境的一种认识。目前，人们对光和光子的科学认识仅仅是很少的一部分，如果把光比作大海，那么我们对光和光子的认识和知识仅仅是“沧海一粟”而已。今天，我还是这样的认识。

人类社会期待着光学和光子学的进展，光学（光子学）不应是配角。昨天的光学成就非凡，今天的光学欣欣向荣，明天的光学将更加辉煌。

*致谢：作者衷心感谢美国宾州大学杨振环(Francis T. S. Yu)教授对本文的支持。

牛顿、爱因斯坦和天文学

熊大闰

【作者简介】熊大闰，中国科学院紫金山天文台研究员，天文学家。原籍江西南昌，生于江西吉安。1962年毕业于北京大学地球物理系。1991年当选为中国科学院院士。他在恒星对流理论以及与之有关的恒星结构、演化和脉动稳定性问题的研究中，摈弃了传统的唯象混合长的对流理论，发展了一种独立的非定常恒星对流的统计理论和一种非局部对流的统计理论，并成功地将它们用于变星脉动、恒星内部结构和大质量恒星演化的理论计算，解释了变

星脉动不稳定区红端边界，克服了传统理论在大质量恒星演化计算中著名的所谓半对流区的理论困难。较之传统理论，新理论得到与观测更为相符的结果。

2005年是世界物理年，是为纪念爱因斯坦相对论发表100周年而设立或命名的。爱因斯坦是20世纪，也是有史以来最伟大的物理学家，牛顿是唯一可以与爱因斯坦相媲美的物理学家。他们的理论的产生、发展和检验同天文学有密切关系，而他们的理论的建立又对天文学的发展产生了极大的推动作用。因此可以说，他们两人都与天文学很有缘分。

在古代，自然科学并未形成一门可以精密计量研究的独立科学，常常同神学和哲学混在一起。1687年，牛顿发表了他的旷世巨著《自然哲学的数学原理》，提出了著名的牛顿三定律和万有引力定律，这才真正使物理学从自然哲学中独立出来，开创了物理学成为一门可以精确定量研究的科学的新纪元。直至今天，就是在爱因斯坦相对论之后，牛顿力学仍然是作为现代科学技术的基础而被广泛应用。只是在极高的速度和极强的引力场，以及极精密的测量条件下，才会发现对牛顿力学的偏离，所以牛顿力学的影响一直持续到了今天，而且今后还将长期影响下去。

牛顿力学的伟大成功，也形成了一种世界观。只要我们知道物体受力的情况，我们就能从它现在的运动情况，预告他将后的运动轨迹。例如，我们从对现在的太阳系天体位置的观测中，就不难推求远古时代和预报今后它们的位置和日月食的情况。这就是机械唯物主义

的决定论。上个世纪20年代量子力学的建立，发现了一种全新的支配微观世界的统计规律性。

牛顿的成就是多方面的。他同莱布尼茨相互独立地发明了微积分，在光学方面也颇有研究，比如，他发现太阳光可以分成红、橙、黄、绿、青、蓝、紫七色，等等。

牛顿理论最早受到的挑战应追溯到19世纪下半叶。19世纪发现电磁波，并且确认光也是一种电磁波。波是一种依附在传播介质中的振动，如声波是在空气、水或固体中传播的一种振动。那个时代，人们就想象在广袤的宇宙空间中存在一种所谓"以太"的介质，光就是在以太介质中传播的一种电磁波。根据牛顿的相对性原理，迎向光源运动和背向光源运动的物体，光将具有不同的速度，也应当可以测量出地球相对"以太"的运动速度。当时人们进行过很多精密的光学实验，试图去验证这一点。但结果令人惊奇，光速和光源与观测者的相对运动毫无关系。观测者无论是迎向光源还是背向光源，光速都相同。人们试图测量地球相对以太运动速度的企图也以失败而告终。该怎样来理解这种怪事呢？包括后来爱因斯坦相对论中运动的时钟变缓、运动的尺子在运动方向缩短在内的各种各样的假设都曾被提出过。但爱因斯坦的伟大，就是他走出了关键的一步，他抛弃了牛顿绝对时间和绝对空间的概念。在牛顿力学中，时间和空间是截然分开的，时间是时间，空间是空间，彼此毫不相干。但爱因斯坦则认为，对所有以不同速度运动的观测者，光速是不变的常数。这样，时间和空间将不再是彼此独立的，而是紧密联系的，组成一个时间——空间的四维矢量。两个相对运动观测者之间时间和空间的转换不再是牛顿力学中所谓的伽利略变换，不仅仅空间坐标变了，时钟的指示也会不同，其间的转换由一个所谓洛伦兹变换来完成。爱因斯坦这个理论被称为狭义相对论。爱因斯坦的狭义相对论有几个结果：

1. 一个静止的观测者来测量一个运动物体将会发现，运动物体沿其运动方向缩短了。

2. 一个静止的观测者将会发现运动的时钟变慢了。这似乎同我们的日常生活经验不相符合。但不要忘记，我们的日常生活经验只是在一个运动速度远远小于光速(约每秒30万公里)的世界里得到的。例如，放在一艘以每秒约8公里绕地球飞行的近地人造卫星上的原子钟，因为狭义相对论效应，每天约要慢30微秒，即90年才大约慢1秒钟。日常生活经验不会发现这样细微的差别。但现在高精度的测量却不难发现它。不仅如此，而且它已经深入到我们现实的高新技术时代的日常生活中。例如，现在已广泛使用的全球定位系统(GPS)就必须考虑这种效应。同学们在科幻小说中可能会看到如此的故事：哥哥乘接近光速的飞船进行星际旅行回来,惊奇地发现弟弟已是满头白发的老翁了,而旅行回来的哥哥仍非常年轻。这当然纯属科学的幻想,但它的确是事实。当然,旅行的不是人,而是以接近光速飞行的高能粒子。有些同位素粒子,静止时寿命非常短,但在宇宙线和实验室里,我们却能观测到它们,其寿命比它静止时要长得多。

3. 狭义相对论另一个重要的结果是:一个物体的质量并不是不变的,而是随着物体的运动速度增高而增大,在粒子加速器的设计中就要考虑这个效应。一个具有静止质量的物体永远达不到光的速度。以光速运动的粒子(如光子)静止质量必定是零。

狭义相对论另一个重要推论说,质量只是能量的一种存在形式,它们之间可以相互转换。物体的总能量等于其质量乘上光速的平方。爱因斯坦的狭义相对论的这个结论很好地被实验所证实,它也是现代核能利用的理论基础。例如,太阳1秒钟释放出来的能量大约是3 800亿亿千焦耳。若太阳全是由煤组成的话,也只能燃烧约5 000年。而太阳已有46亿岁了。它的能量是其中心在进行着4个氢原子聚合成1个氦原子的热核反应产生的。1个氢原子重1.008个原子单位,而1个氦原子重4.0026个原子单位。4个氢原子比1个氦原子重0.0294个原子单位,这里面多出来的质量就转换成了能量。1千克氢经热核反应转换成氦释放出来的能量是

6 600亿千焦耳,约相当于长江三峡水电站满荷时10个小时发出的电量。太阳中心热核反应1秒钟要消耗掉约6亿吨的氢燃料,一年则要消耗约2亿亿吨氢,这确实是一个惊人的数字。但须知太阳总重量约2000亿亿亿吨,其中氢约占70%。假若太阳只有其中心20%的物质可燃烧,也足可维持太阳约140亿年的能源需要。太阳现在已经约46亿岁了,但其中心的氢仅消耗了大约一半。太阳现在仍处在壮年阶段,至少还可以活同样长的时光,我们大可不必为太阳末日的到来而担心。

狭义相对论讨论的是惯性参考系。1915年,爱因斯坦发表了他的所谓的广义相对论,广义相对论思考了引力和非惯性参考系的问题。所谓惯性系统是做匀速直线运动的系统,没有加速度。而爱因斯坦想象一个人若坐在自由下坠的升降梯里,他将感受不到重力。因此他认为一个匀加速度运动的惯性力与一个均匀的引力场是相当的。爱因斯坦研究了引力场如何影响狭义相对论建立起来的时空,他发现引力使时空变得弯曲,光在被引力场变得弯曲了的时空里将不再沿直线传播,而是沿着一条弯曲时空里的最短程线,即所谓的测地线运动,这就像在球面上两点间最短程线并不是直线,而是球面上通过这两个点的一段弧线。爱因斯坦的广义相对论,实际上就是引力理论。物质使时空变得弯曲,而这弯曲了的时空又反过来控制物体的运动。弯曲时空就是由爱因斯坦的场方程来描述的。最初,爱因斯坦提出广义相对论时,人们认为这只不过是一种奇谈怪论的遐想,并不太相信。但后来广义相对论的理论预言一一被证实,人们才逐渐相信它的正确性。

首先,爱因斯坦广义相对论预言光经过一个强引力场将产生偏转。1919年日食期间,人们测量经过太阳边缘星光的偏折确实与广义相对论预言的1.75角秒非常接近。后来的观测则在更高的精度上证实了爱因斯坦的预言。近代,天文学中所谓引力透镜的发现更进一步证实了爱因斯坦的引力理论。

广义相对论的第二个检验也是通过天文来完成的。太阳系九大行星中,水星最靠近太阳,受太阳引力场的影响也最强。水星近日点每年都会移动一点点,称之为水星近日点进动。但人们观测到的水星进动,每百年还有约43角秒的余差是牛顿力学无法解释的。但若换成爱因斯坦的广义相对论,则观测与理论相符得非常好。

广义相对论还预言,在强引力场中,时钟会变慢。例如,装在2万公里高空飞船上的时钟,因为那儿的引力场小,它将比安放在地面上的时钟每天快约40微秒,而飞船在运动,因狭义相对论运动时钟变慢的缘故,它又要慢约10微秒。二者相抵,飞船上的时钟每天要比地面上静止的时钟约快30微秒,或每90年约快1秒钟。在全球定位系统中，广义和狭义相对论的时钟变慢效应都已被证实。

与时钟变慢效应相关的另一效应是，在引力场中，光谱线波长会变长，即所谓引力红移。太阳引力场产生的红移约为谱线波长的50万分之一，尽管它非常小，但太阳和某些白矮星谱线的引力红移还是被极为精确的观测检测出来了。

广义相对论还预言了引力波和黑洞的存在。尽管地面上引力波的探测并未获得成功，但天文上种种观测迹象显示，它们确实是存在的。

从以上简单的牛顿、爱因斯坦理论的产生与发展，我们可以看到天文学和物理学的联系是多么的紧密。宇宙极大的时空范围(我们现在观测到的最远天体约有100亿光年)，天体中极端的物理条件，如超高温(太阳中心约1550万度，而有些天体中心超过1亿度)、超高压、超高密度(白矮星的平均密度每立方厘米可达数吨，中子星的平均密度可达每立方厘米1亿吨)、超强磁场(中子星上磁场强度可以超过1万亿高斯)和超强引力场等等，所有这一切，使得天体成为物理学最理想的天然实验室。反过来，天文学的发展也离不开物理学。他们相互促进，推动科学的发展。天文学主要还是从事基础研究的，即主要是面对人类的未来，探索未知的自然规律。但天文学一些成果现在已深入到我们的日常生活中。例如,我们现在的国防和民用高科技已离不开人造卫星。现在的卫星动力学就是在天文学基础上发展起来的。又如,天文中的甚长基线干涉(VLBI)技术可以用来监测地球大陆板块的微细漂移。如此等等,不胜枚举。今天的基础研究就是明天高技术应用的基础。牛顿、爱因斯坦理论的巨大成就和对当代科技的影响充分说明了这一点。

地理学研究进展与前沿领域

郑　度

一、学科背景

二、进展和成就

三、发展趋势及研究的前沿领域

四、公众的科学素养

【作者简介】郑度，自然地理学家。生于广东揭西，原籍广东大埔。1958年毕业于中山大学地理系。中国科学院地理科学与资源研究所研究员，曾任中国科学院地理研究所所长，国家重点基础研究项目"青藏高原形成演化及其环境资源效应"首席科学家。我国自然地理学的主要学科带头人之一。1999年当选为中国科学院院士。

郑度院士总结高原各山地垂直自然带谱的特点，将其划分为大陆性和季风性两类带谱系统及九

种不同的结构类型组，并构建其分布模式，反映出与高原热源作用相联系的巨大的山体效应；阐明高寒灌丛草甸地带是湿润、半湿润型垂直带谱高山带在高原面上展布的、全球独特的水平自然地带；证实并确认了中昆仑山内部腹地及其南翼羌塘高原北部是高原寒冷干旱的核心区域；揭示了高海拔区域自然地域分异的三维地带性，阐明了高原的自然地带性规律；建立适用于山地与高原的自然区划原则和方法，拟订了青藏高原自然地域系统方案，为高原地表自然过程与全球变化研究提供宏观区域框架，得到广泛应用。主持完成“中国生态地理区域系统及其在全球环境变化研究中的应用”重点基金项目，所提出的中国生态地理区域系统方案，为探讨全球变化对我国自然环境和社会经济发展的可能影响提供科学的区域框架。

地理学研究进展与前沿领域这个题目比较大，我主要讲以下几个方面的问题：首先是学科的背景，其次是20世纪取得的主要进展和成就，然后结合学科发展的趋势，谈谈这个学科今后的前沿领域与一些重点的方向，最后谈公众的科学素养。

一、学科背景

地理学是研究地球表层的科学，主要是研究地球表层的自然要素与人文要素的相互作用、人地关系及其时空规律的科学。

地球表层是一个很复杂的体系，是由各种自然现象与人文现象组合在一起的一个巨系统。地理学科具有这样的特色：因为它既涉及自然，又涉及人文现象，所以它是跨越自然科学与社会科学、兼具综合性和区域性特色的一门学科。近代地理学是从19世纪中叶开始，从洪堡、李特尔开始算起，然后到了现代地理学，基本上是以第二次世界大战以后的20世纪五六十年代为界线。在近代、现代阶段，地理学都取得了比较大的成绩。

首先是形成了很多的学派，不同的研究者会从不同的角度入手来研究地球表层的这种人地之间的关系，由此形成不同的学派。比如从区域的角度、从景观类型的角度、从人地关系这种生态学的角度出发，形成了区域学派、景观学派、生态学派，以及区位学派和数量学派等。在研究领域方面也在不断扩大，并且研究越来越深入。在理论方法和技术上也取得了前所未有的进展。所以现代地理学实际上已经是包含自然地理学、人文地理学和地理信息科学这三个分支学科的大的科学体系。从总体上来看，20世纪80年代以来，地理学界主要以地球系统科学发展作为一个主要的综合集成的目标。因为大气、海洋都有涉及，相应的学科做了很多的工作。所以按照黄秉维先生提出的地理学的方向：主要是从陆地表层系统这个角度来进行研究，是发展地球系统科学的重要基础学科。

二、进展和成就

20世纪各个学科都取得了很大的成就，从地理学来看，可以分为以下几个主要方面：第一是地域分异规律与区域系统的研究；第二是地表自然过程的综合研究；第三是人地系统与区域发展研究；第四是国家地图集系列的编纂；第五是遥感、地理信息系统的建立、应用等。这些方面都取得了新的突破。

首先谈一下地域分异规律与区域系统的研究。自从19世纪洪堡在研究安第斯山时提出山地垂直分布现象，以及编制全球温度等值线分布图以来，地理学家都

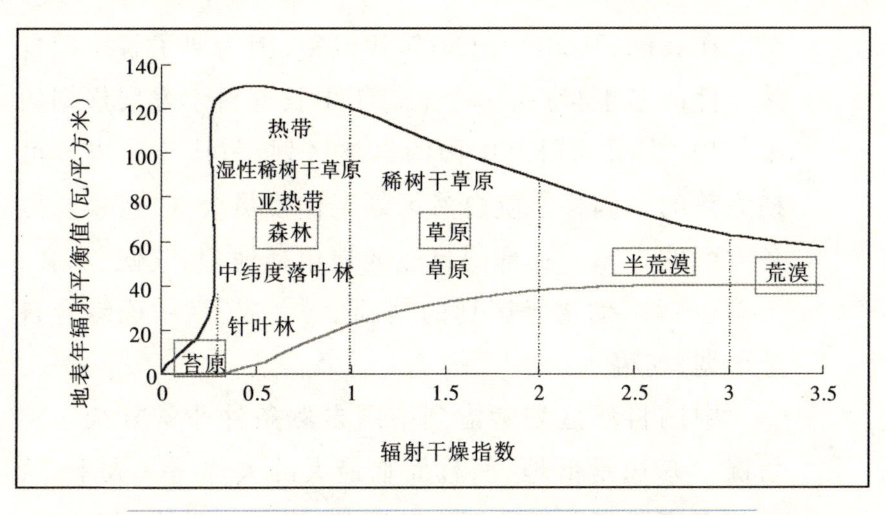

▲图1 自然地带性规律与地表热量、水分状况的关系

对全球陆地(当然也有涉及海洋)的地带性规律进行深入研究并且得到不断的发展。

图1是苏联科学家格里戈里耶夫和布迪科归纳的一张展示地理地带性规律的图。地理地带性规律是指地球上每一地区的自然地理特征受制于该地区的热量和水分状态、数量及两者的关系。图的纵轴是地表年辐射平衡值,表示温度状况的不同;横轴是辐射干燥指数、表示水分状况的干湿程度。湿润状况基本是从有森林分布,到1~2之间是草原地带,包括热带的稀树草原地带,进一步干旱就会出现半荒漠和荒漠。当然这个图可能根据欧亚大陆的状况作一些归纳,在全球其他地方,比如中国,关于地理地带学说也得到深入的研究。

在我国，从20世纪50年代以来，因为要了解全国自然条件的基本特点，作为十二年中长期科学发展规划的第一项，当时要研究中国的自然区划，就成立了以竺可桢为首的中国科学院自然区划工作委员会，吸收了全国各方面的专家。在部门自然区划包括地貌、气候、水文、土壤、植被、动物等区划的基础上，完成了《中国综合自然区划》初稿。

中国自然区划考虑到中国自然条件非常复杂这种情况。东边是低地，而且面临最大的大洋——太平洋，西部有青藏高原和欧亚大陆腹地，全国山地占了2/3，所以比较复杂。专家们采用地理相关法，按照生物气候原则，在复杂的自然条件下揭示了自然地理地带性规律，依次表现温度、水分条件和地貌的差别。从亚寒带、温带到热带，中间的亚热带没有明确的划分。但在中国由于季风的影响，这种过渡性非常明显，所以当时就明确要划分出亚热带。这可以说明许多自然地理现象，能够很确切地反映自然界的过渡特性。

这个自然区划的目标主要是为利用土地与水的事业服务，包括我们国家的农、林、牧、副、渔业的布局、土地利用、水资源的状况等，成为各部门研究和应用的重要依据。在中国自然区划的基础上，20世纪六七十年代又相继完成了中国农业区划，还有中国自然地理系列专著等成果，都取得了具有世界意义的成就。

著名地理学家黄秉维先生在20世纪80年代对中国综合自然区划作进一步修订。中国从北到南,温带里又分为三个带,即寒温带、中温带、暖温带;亚热带分了北亚热带、中亚热带、南亚热带三个带;热带也分了三部分:边沿热带、中热带、赤道热带。这个区划把青藏高原单独列出来,因为青藏高原海拔高,和东部、北部的低海拔区域有很大的差别,并进一步划分为高原温带、高原亚寒带等。

除了综合自然区划以外,我们刚才谈到地理学发展中有一个景观学派。景观学派实际上是从德国等国家发展过来的。后来英国、澳大利亚的地理学家从土地类型这个角度来研究。因为土地是一个很综合的概念,指地表某一地段包括地质、地貌、气候、水文、土壤、植被等各种自然因素在内的自然综合体。所以从20世纪70年代开始,以土地类型为基础的土地资源、土地评价、土地利用、土地规划和土地管理决策等系统研究,已经发展成为土地系统科学的研究。而且从20世纪90年代以来,在全球变化的研究当中,有全球变化的人文因素的研究计划,共同发起了土地利用/土地覆被变化的研究来揭示这种变化跟全球变化的联系,揭示它的驱动机制。

地表自然地域分异规律、地理地带性的研究取得了非常突出的进展。

第二方面就是对地表自然过程的综合研究。地理学长期以来都是处于纯描述的阶段,取得的成果很多都是定性的东西,定量的研究比较少。由于新学科的成就和新仪器设备也逐渐把地理学武装起来,在地理学界也逐步倡导应用数理化和生物的一些新理论、新技术与新方法。后来是建立野外定位观测试验站和室内实验研究,因为过去大多采取表面上的科学考察,一般只是经过一条线,也就是只在一定的季节去,比如夏季,因此对冬季、春季的情况就不大了解。所以要建立定位试验站做一些长期的研究,比如周日的变化、季节的变化、全年的变化、包括年际之间的变化。这样就能够长期积累其自然过程变化的情况,所以要深入开展对地表现代物理过程、化学过程和生物过程的研究,并加以综合。另外要开展对地表自然历史过程的研究。过去地表的情况到底是怎么变化的?这里就涉及全球环境变化的研究,包括我们要预测也要了解自然历史的一些情况。这包括两方面,一方面是对现代地表自然过程的研究,另一方面是历史自然过程,我们叫做古地理环境的研究。从现代自然过程的研究来看,提出了物理过程包括风力作用,比如我国西北干旱区的风力堆积、风力侵蚀等;还有水力作用,比如流水地貌,河流如长江、黄河等都有一个搬运、堆积的自然过程;另外看看地表的温度状况,水分、热量平衡状况,这是从物理过程的角度进行研究。从化学的角度看,原来以盐分平衡为开端,研究它怎么运转，怎么通过土壤水分上升到地表等等。后来转向与人体健康有关的生命元素的迁移，污染物质的迁移转化，都跟人体健康有密切关系，包括地方病和环境保护等等。生物过程的研究与农业生产潜力联系起来，研究农作物水分状况是怎么运移的，从根系一直到植物气孔到蒸腾等等，后来发展为土壤—植物—大气连续体的综合研究。当时20世纪50年代就提出要发展自然地理定位观测与实验，中国科学院相继建立了治沙站和水热平衡的观测站，后来在山东禹城建立了综合实验站(图2)，接着又筹建了北京农业生态系统试验站。当然在很多

▲图2 中国科学院禹城综合试验站

不同的研究单位，像在青海西宁的西北高原生物所在70年代建立了高寒草甸生态系统的定位试验站。在东北长白山，过去叫做林业土壤所，后来叫做应用生态所，建立了森林生态系统的实验观测站，等等。

我国的生态环境非常复杂，生态系统的类型差别很大，所以在中国科学院里就有一个生态系统的定位、实验研究的台站网络，有农田的试验站，森林生态系统的试验站，草原的台站，湿地的台站，还有荒漠治理的试验站等。这说明要深入这方面的观测试验，开展一些室外的工作，进一步监测研究，积累基础科学数据资料，开展生态过程的研究，也为不同类型区的生态建设提供一些

▲图3　新疆阜康的荒漠生态系统试验站

▲图4 青藏高原上的生态系统试验站

试验示范。图3是新疆阜康的荒漠生态系统试验站,图左边是地表水分、热量的观测场,右下是沙区的观测场,右上则是看它根系的变化,因为根系很多要吸收地下水,它的走向和土壤有密切的关系。

图4右侧是在祁连山南麓的海北高寒草甸生态系统试验站,左侧是拉萨高原生态试验站,说明在高原研究农田的生态系统,也包括对高原其他生态系统如草甸、草原等,做一些观测试验研究。

野外定位试验站开展了很多实验地理学的研究。虽然我们研究的是地表自然界,但是有很多东西可以拿到室内做一些模拟试验,包括人工降雨试验。图5左边

人工降雨实验

流水地貌实验室

化学分析实验研究

▲图 5　实验地理学研究

是野外和室内的人工降雨实验，右上是地理所流水地貌的实验室，观察河床的演变过程，右下为研究技术人员进行现代化学分析试验，随着技术手段的提高，很多测试工作能够更好地得出规律性的认识。

除了地表自然过程以外，对历史自然过程演化的研究，即古地理环境演化的研究也是非常重要的。因为自然地理环境是历史的产物，对地表自然历史过程的研究进展显著，现在已发展为与全球环境变化相联系的古地理环境演化的研究。包括通过对大洋的钻探、地层剖面、湖泊的岩芯、冰川的冰芯和树木年轮等古气候环境信息载体和代用指标的研究等等，揭示了新生代、特别是第四纪以来全球和区域的环境演变过程。

在青藏高原北部的天然剖面，地层剖面揭示出一些数据。根据它的粒度测量这些盆地的、地层的、河流不同的阶地，得到它的年代以及地面测量的一些数据。在地质学方面根据岩体隆升也可以得到一些数据。总的来看，揭示出青藏高原北部大约从七八百万年之前逐步开始隆升，大约300万年前高原开始急剧快速隆升，经过阶段性隆升，最终被抬升到现在的海拔高度。

各方面的研究揭示，青藏高原是欧亚板块和印度板块相互碰撞形成的。这是早期的碰撞阶段，然后逐渐有不同次数的抬升和夷平，后来有一个很大的上升运动，最后是300多万年以来，又做了进一步的分解。比如说亚洲季风何时开始出现黄土何时大量堆积，冬季风何时强化，这又能够从黄土高原的研究中得到一些验证。最后这一阶段就是青藏运动，在七八十万年前，高海拔处进入冰冻圈了，所以冰川的记录就更丰富了，然后就逐渐变干。这些都说明青藏高原的隆起对环境有明显的影响。

▲图6 青藏高原高山冰帽上钻取冰芯

这是从空间的角度来说明青藏高原的隆起对东部湿润区、黄土高原的形成和西北干旱区荒漠的维持加强起到非常重要的作用。

图6是在高原腹地里的冰帽。这个冰帽的面积是相当大的,有400平方公里。在此钻取冰芯,能够得到它比较稳定的年代变化和冰川、冰芯的记录。

青藏高原的冰芯除了揭示它的气泡里氧同位素的记录以外,还可以测到甲烷的含量,说明在公元1000年到公元2000年之间的变化情况。比如说温度在这期间有比较明显的上升,甲烷记录也是在19世纪特别是在20世纪以来有比较明显的增加,这些记录可以恢复过去的一些环境状况。这个冰芯的记录有它特别的地方。另外从2000年以来,这个甲烷的记录(达索普冰芯中2000年以来的甲烷记录,图7)在20世纪有明显的增加。第一次世界大战、第二次世界大战时，有一些下降的波动，我们认为和当时的工业生产受到影响有一定的联系。

因为高原有很多湖泊，湖泊面积大约有3万平方公里，所以高原的湖泊里也可以通过对湖芯的钻探，取得一些岩芯的记录。对取得的岩芯做一些分析，能够得出湖泊沉积里反映的环境变化的情况。

除了冰芯、岩芯以外，树木的年轮也是一个重要的气候研究的指标。树木年轮的研究尺度虽然没有湖芯那么长，但是它测量的准确度要高一点。

在祁连山南坡柴达木盆地北边钻取柏树的树芯。在青藏高原北部，也就是柴达木盆地东北部，有许多千

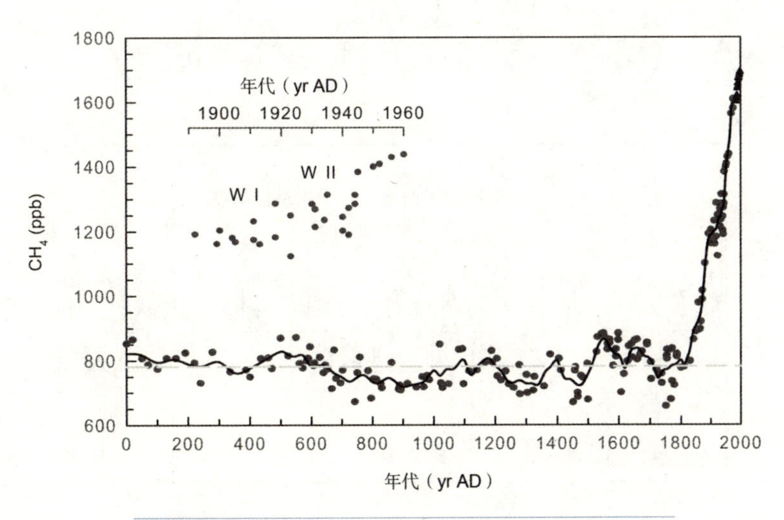

▲图7　达索普冰芯中2000年以来的甲烷记录

年古树,树木年轮研究可以揭示出干旱期和湿润期的变化。对祁连山敦德冰芯的研究表明,它的微粒增加是在比较干旱的时期,不同的记录之间能够互相得到印证。树轮所反映的温度和降水的变化,长度大概有1000年,其中在干旱的时期微粒是增加的,比较湿润的时期微粒少些,这就说明干旱的程度跟沙尘的活动有密切的联系。

图8是重建的川西地区几百年来的气温变化。横断山区森林是比较多的,选取不同样点进行比较,如川西云杉,样点间的距离都有200公里左右,然后将同一个树

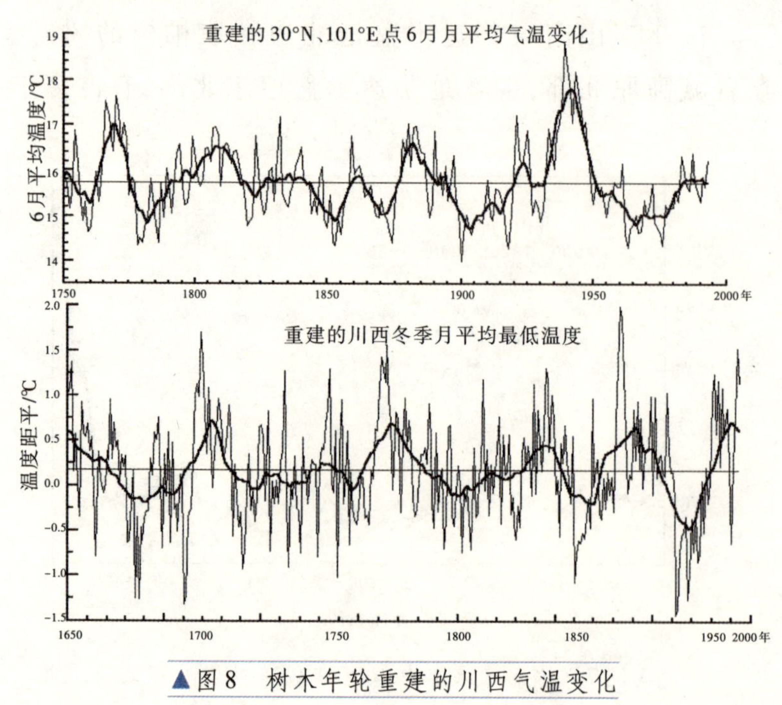

▲图8　树木年轮重建的川西气温变化

种不同的记录进行比较，看它是否能够代表这个区域的差异。所以要钻取很多的树轮来进行比较，恢复夏季和冬季的气温，从图8中可以看到像20世纪70年代该处应当是低温的，跟气象记录是比较符合的，然后看到过去的小冰期的变化跟这个有密切的联系等等。这说明代用的指标能够很好地反映古地理环境的演化。

第三方面是人地系统与区域发展研究。因为地理学研究地球地表自然和人文之间的作用，所以这部分更侧重于人文地理的研究。比如像德国科学家从人文地理研究热点之一的区位论，从农业、工业拓展到城市，创立了中心地理论。大约在20世纪30年代，得到进一步发展，并开展了城市化研究。这种区位论在地理学的广泛应用，促进了人文地理学及其分支学科的发展，完成了不同尺度的经济区划和区域规划研究。另外还有一点要特别强调，就是区域发展的研究，使得地理学家率先开辟对自然资源、自然灾害和人类环境与发展的综合研究，成为当代地理学应用研究的主流。

20世纪50年代以来，中国地理学的研究坚持为国家、为区域的经济建设服务，而且当时科学院也提出以任务带学科，所以这两方面结合起来，既有科学目标，又有国家的需求。把这两个方面结合起来，既符合国家目标，又能发挥学科的积极作用。

从20世纪50年代开始区域综合考察，从北边的黑龙江、内蒙古、新疆,南边的云南、海南岛的研究,一直到青藏高原。这些研究,包括后来开展的治理沙漠的一些基本的调查研究,对黄土高原的考察等,都做了很多基本的工作,比如摸清地理环境,了解自然资源、社会经济基础和发展潜力等等。

因为我国最早是以农业立国,所以在地理学的发展方向上最早从20世纪50年代开始就确定是以农业作为服务的主要目标。20世纪60年代在自然区划的基础上开展了农业区划工作,发挥了地理学一个非常主要的优势,而且也为地理学的发展拓展了空间。另外一个方面,在20世纪80年代又开始国土开发整治规划,涉及国土的考察、开发、利用、治理、保护与规划等等。在20世纪90年代全球的环境与发展峰会提出“21世纪议程”,中国科学家也参与到这个21世纪议程里中,提出要协调人口、资源、环境与区域可持续发展等领域的研究。实际上这些工作一方面对国家作出贡献,另一方面在学科发展方面也取得了很好的成效。

第四方面的进展是地图集系列的编制。在20世纪国际上有几次编制国家地图集的高潮。比如20世纪30年代以法国、瑞典为代表;20世纪60年代以英国、美国、苏联等为代表,苏联的国家地图集还延伸到全世界和海洋领域。我们国家也做了很多工作,达到了当时的国际水平。近50年来先后编制国家、省区及历史、自然、人

▲图9　我国编制的部分国家级地图集

口、经济、农业等地图集系列30余种，取得了很好的成绩，其规模和质量均达到国际先进水平。

图9是我国出版的国家级的部分地图集，包括20世纪60年代的自然地图集以及20世纪90年代出版的自然地图集、经济地图集（中英文版），还有人口地图集、土地利用地图等。

第五个方面，20世纪六七十年代以来，遥感与计算机相结合，发展了地理信息系统这个领域。两者结合，能够分析处理大量的地理数据，而且具有对空间数据的综合处理能力、模拟信息能力，为决策服务。遥感的应用取得的成果很多，它对资源环境数据的获取比传统的地理考察要来得快，而且覆盖面也比较广，所以为整个区域的资源环境，像对太湖、洞庭湖，福建的洪水的评估都取得很重要的成果，此外还包括作物估产、灾害预测等等。

对地观测技术与地理信息系统，包括刚才讲的遥感和全球定位系统的应用，使获取地球信息特别是地表信息的手段达到前所未有的高度，而且范围非常广。不仅使全球性、动态性制图成为可能，而且在不同的领域里，如资源勘探、国防、环境监测、灾害预警预报、区域与城市规划、农林与水利建设等方面都发挥了极为重要的作用。

最早应用于不同的地图、计算机制图、数据库等，现在范围更广了，有交通规划、资源管理、城市管理、环境监测等等。从科学系统来看，我们的地理信息系统科学或者叫地球信息科学主要是为信息科学服务的，包括信息科学技术，还有空间科学技术能够结合起来，最终是为发展整个地球系统科学服务的。

资源与环境的数字化在这个基础上进一步发展，有利于资源与环境的定量、定位及有效的管理和决策。另外对资源环境的可视化很有帮助。这方面还可以进一步做一些模型的研究。

三、发展趋势及研究的前沿领域

前面谈到的是地理学在20世纪取得的主要成就和进展。下面我们要展望将来的发展趋势及研究的前沿领域。首先，谈一下发展趋势，主要说明可能存在的情况。

地理学作为一门古老学科，它在当今的学科发展过程中，跟相邻学科有非常多的交叉与融合，即目前学科的发展特点是从单一运动形态研究走向多运动形态的相互作用的研究。所以它是一个非常复杂的系统，相邻学科之间的横向、交叉、渗透和融合成为明显的趋势，传统的学科界线渐渐变得模糊。比如对于地表自然界，不同学科的学者都来研究。根据我们的分析，以地球表层为研究对象的基础学科有地理学和生态学，应用领域有环境科学与资源科学。这种学科的汇合，理论和方法的移植，提高了地理学的水平，不断开拓新的研究领域，形成新的边缘学科和交叉学科。所以地球的这种整体观念非常重要，现在关于地球某一部分发展会影响其他部分和不同圈层之间相互作用的研究极大地推动了地球系统科学的发展。

研究地球表层的基础学科就是地理学和生态学。应用学科有环境科学，它不仅包括环境地学，还包括环境化学、环境物理学等各个方面。资源科学是一个非常广泛的领域,包括地理学领域的一部分,但是还有很大一部分,其他一些社会科学也可以来研究。总的目标是跟全球环境变化联系起来,跟区域可持续发展联系起来,大家幽默地称之为"顶天立地",相互都能结合起来。这是第一个趋势,就是横向的交叉发展。

其次,是要加强地理学内部的综合研究。目前地理学已经分为很多的学科,实际上各分支的发展是为在分析基础上的综合和在综合指导下的分析打下更坚实的基础。长期以来,由于受到苏联地理学的影响,自然地理和人文地理是割裂对立的二元论,阻碍了地理学整体综合研究的发展。

总体来看,自然地理研究不应是纯自然主义的,现在不可能搞一个纯自然的、不受人的影响的研究。包括南极、青藏高原都是受到人类影响的。人文地理研究也离不开自然地理和生态学基础。比如说现在研究城市化,离不开所在区域的自然环境的一些特点。所以综合来看,统一的地理学或综合的地理学是客观存在的,并且是社会发展所需要的。

第三,是进一步深化地理过程的微观研究。因为过去已经开展了地表自然过程的研究,现在逐步由静态、类型和结构的研究转变为动态、过程和机制的研究。关于地理过程的研究刚才已经说了很多,比如物理过程有水热平衡的问题，有地形发育的问题，当然也有物质迁移的问题。径流形成、元素迁移转化、土壤发生形成、植被演替、沙漠化、城市化等等，这都是地理过程研究的范围。

在农业生态的研究里面，根据界面过程的特点，由土壤到植物，或者由植物到大气，不同的界面过程的综合性更强，难度更大。随着人类活动的加剧，人文地理过程愈加重要，如沙漠化、城市化过程，环境退化过程等等，也需要涉及人文因素，因此对人为的驱动力的研究也非常重要。另外历史过程和现代过程的研究是预测未来的基础，也为全球变化预测提供依据。

第四，是进一步拓宽这种应用研究领域。过去对地理学的描述性和认识性的传统研究很有局限性，地理学家任美锷早在20世纪40年代就提出建设地理学的方向。苏联科学家在60年代也提出地理学是有目的地来改造和管理周围环境的科学。所以生态地理学涉及很多领域，包括协调自然生态与社会经济系统的平衡发展，控制污染，抑制环境恶化，改善生存条件，提高人居环境的质量等等，这些都是环境地理学研究的紧迫问题。传统上如20世纪五六十年代主要的服务对象为农业，而现在非农业应用领域受到非常多的重视，应用研究领域更趋向多样化、多元化。比如说现在对旅游地理的研究，城市地理研究，包括区域规划等等，这些都是地

理学进一步开拓发展的研究领域，其前景是非常广阔的。

第五个趋势是实验地理与技术手段现代化。虽然20世纪以来，已经应用了不少，但是从目前来看，对地观测系统的建立，包括遥感、遥测，特别是对地观测系统、全球定位系统和卫星网络通信系统的建立和应用，都有了非常大的发展。地理学因为获取的信息非常丰富，所以进度也加大了，动态性也明显加强了。另外物质能量的定量测试，测年技术手段也取得了新进展。过去测年技术只有^{14}C测量，测试的样品需要量也较大。现在技术手段提高了以后，取得一小部分样品就能够分析测量。所以现在对第四纪冰期的鉴定划分有明显的提高，为地理学研究水平的提高带来契机。另外室内的模拟实验研究领域不断拓展，对自然界的认识也日益深化。20世纪60年代，数量化方法在地理学方面得到很大的发展，也有很多的评述，现在已普遍应用了。数学模式可以表达经验概念和试验结果，揭示内在规律，再结合地理信息系统和具有专家系统水平的智能分析和决策等，能够为我们带来新的突破。

美国NASA启动的地球科学计划，是利用卫星和其他手段，对地球进行全方位的研究，包括对全球不同的陆地观测系统、气候观测系统、海洋观测系统的研究等。已经有50多个国家和地区参加了全球的陆地监测系统，这也为地球系统科学的发展带来新的发展机遇。

最后，是传统思维的角度也要逐渐发展变化。过去在区划方面都是根据地理学家们观察、考察的一些材料事实作为基础，然后归纳出一些规律，进行一些概括，属于经验归纳型的综合。现在因为已经得出一些成果，现代地理学能从整体角度，从理论假设出发来进行演绎，能够使分析与综合，归纳与演绎互相补充、辩证统一，取得更好的成果。所以这种综合的内容就更加广泛。你要了解某些方面的东西，比如人文方面跟自然方面的相互作用，通过对它影响作用过程的各方面的信息能够更多地提出一些它的系统结构、功能及动态演变过程。而且综合的方法更具有逻辑性和精确性，通过对结构的分析、功能的评价、过程监测与动态预测等等途径来解决这些问题，并且表达形式更加多样化。

总的来讲，地表自然界的工作是一个基础，包括我们的定位实验、区域考察以及过去文献记载的一些地理学的成就，再通过一些新的技术手段，包括遥感方面的实验测试、地理信息系统的综合等，然后从理论思维角度模拟研究，包括试验模拟、数学模拟等等。现在日本提出的地球模拟器，根据已有的成果做一些初步的设计，利用大规模的计算机模拟整个地球，研究地球表层的人地关系。根据地表自然界的不同的类型，比如说它是山地的还是平地的、是森林还是草地的，并根据不同的过程如物理过程、化学过程、生物过程，包括历史过程、现代过程，再把它们综合起来。不同的区域有很多的差异，如热带区的雨林与干旱区的荒漠差别就很大，不同的区域里自然过程的综合也是不一样的。

刚才我们谈了地理学在20世纪取得的成就和进展，以及目前学科发展的趋势。我想我们进入21世纪后，从国家需求的角度和学科发展的角度来看，面临着一些新的困难和挑战，也带来了新的机遇。特别是进入21世纪以来，人类面临很多全球环境变化和区域可持续发展的问题。地理学可以在评价自然条件、协调人地关系、促进区域发展、改善生态环境等方面作出积极贡献。我们要根据学科特点和优势，抓住机遇，迎接挑战，在前沿领域开拓创新，为发展地球系统科学和建设人类家园的美好未来作出贡献。

前沿领域大体包括五个方面。第一个方面是陆地表层过程与格局的综合研究。第二个方面是全球环境变化及其区域响应。第三个方面是我们发展中的自然资源保障与生态环境建设方面。第四个方面是区域可持续发展及人地系统机理调控方面。第五个方面是包括地球信息科学、技术和数字地球研究等领域。

我们为什么要研究陆地表层过程与格局？因为人类活动主要是在陆地表层。从地球系统来看，海洋的面积非常大，但人类主要居住在陆地表层，而大气有大气科学在研究，所以地理学就把陆地表层系统作为主要研究对象。陆地表层系统是地球表层最复杂、受人类活动影响最大的一个子系统。陆表过程的研究分为两个方向，一个方向是朝微观深化、不断深入；另一个方向是宏观综合，关键在于界面过程的综合研究。由于陆地表层地域差异非常显著，从南到北，从沿海到内陆，差别很大。目前全球变化很受关注，比如每年平均温度变化多少等。但是对全球问题的认识水平取决于对其地域分异的研究深度。因为全球差异很大，不可能以一个数字、一个趋势来代表全球。所以从全球变化的角度来讲，需要一个较好的、便于应用的、兼顾自然和人文的区域框架。

陆地表层过程与格局综合研究的重点研究方向，包括水循环和流域系统方面。流域系统是相当多的，包括所有的外流区域系统的物质迁移过程、坡地侵蚀发育等等。还包括土地的质量，土地演变过程，以及土壤—植被—大气连续系统过程及区域尺度转换。另外，化学过程方面的深入研究也是我们要深入开展的领域。

全球变化和区域响应也是一个很重要的科学问题。20世纪80年代以来，全球环境变化引起大家的关注，这主要是因为大气中CO_2及其他温室气体浓度的增加可能导致全球气候的变化。由于地球各圈层之间相互作用非常密切，国际上对于全球环境变化问题，包括气候变暖、生物多样性、土地荒漠化等等都已分别制定有关国际公约，开展合作。

全球环境变化及其区域响应涉及的领域是很多的，包括过去全球环境变化、陆地生态系统和土地利用/土地覆被变化、减轻自然灾害以及全球变化战略对策等方面的研究。另外从我们国家来看，像青藏高原、黄土高原所取得的成就和全球环境变化关系十分密切，也可以作为我们发挥特长的优势领域。

从20世纪七八十年代以来，全球环境问题就非常突出了。为什么这么说呢？因为圈层相互作用是非常复杂的，而且有其长期性和潜在性。现在所发现的全球环境问题在20世纪初未能被普遍认识。当然有很多科学家认识到有这种变化的可能，但是问题的严重性还没有得到普遍的关注。像人口爆炸、资源短缺、生态破坏、污染严重等问题，特别是人类科学技术的发展所产生的一些物质，有很多是有毒有害的化学物质，实际上已经影响到人类生态的安全，威胁到人类社会的可持续发展。

从全球环境变化来看，也涉及很多问题。比如说全球气候变化，现在说得比较多的全球气候变暖，当然也有的科学家认为这种变暖趋势是一种自然的规律，不过是人类活动的影响进一步增强了这种趋势。另外包括冰冻圈变化，像青藏高原、高山上的一些冰川退缩；臭氧层损耗，南极的臭氧空洞；沙尘暴；还有干旱、酸雨、海平面上升等问题。海平面上升涉及很多问题,比如说风暴潮,还有沿海地区的地下水漏斗等等。这些都说明全球环境变化的问题非常突出。

千年尺度的这个变化,说明了气温的升高。全球变化是20世纪80年代以来全世界媒体使用频率最高的词汇之一,这主要是由于科学界确认了由于人类活动造成大气中的CO_2和其他稀有气体浓度增加,具有类似于温室效应而导致全球变暖的事实。

图10是中亚咸海的变化。过去有一条船在湖边,现

▲图10 中亚咸海的变化(1973—1999)

▲图 11　日本 1995 年的地震

在这个位置已经变成陆地，船也就搁浅了。图右上方是 1973 年的咸海。大家可以看到中下方是 1986 年，这时陆地开始增加了。然后到 1999 年，咸海水面更加下降，陆地面积又扩展很多。

现在说一下全球变化带来的自然灾害。干旱也是灾害，但是这些属于普遍性灾害，它包括洪涝、飓风、地震、火山爆发、滑坡、泥石流、森林火灾等等。

图 11 是日本 1995 年发生的地震使得轨道、铁路都崩塌了。这说明地震给人类带来的危害是非常严重的。

图 12 是喜马拉雅山冰湖溃决引发的泥石流灾害，冰湖溃决的泥石流冲过来，导致桥梁和房屋都被冲垮了。

环境问题还有很多，到 2025 年全球有 2/3 的人口面临供水困难。当然还有很多物种灭绝的问题。所以全球环境变化跟区域响应的研究，一方面我们从科学的角度来讲要研究全新世 1 万年以来古地理环境的变化，因

▲图12 喜马拉雅山冰湖溃决引发泥石流灾害

为研究这一阶段能够为我们的预测提供很好的背景。由于极地、高山和冰冻圈对全球变化比较敏感，所以要对它们加强综合研究，为将来的预测提供一些基础。土地利用和土地覆被变化和人类活动有密切联系，而环境脆弱地区对全球变化的响应可能明显些。

第三个领域是自然资源保障与生态环境建设，因为从地理学的角度来讲，资源问题、环境问题能够直接提供一些资料作为我们研究的基础。

我国的水、土地和生物资源空间分布不均衡，以及由于我国人口基数大，人均占有量少，所以对经济发展及对资源的压力加大。由于长期不合理地开发利用，导致自然资源枯竭、环境退化和生物多样性丧失，制约了社会经济发展。所以要进一步评估自然资源开发利用，包括土地开发、森林的开发、矿业的发展等有什么样的环境效应，阐明人类经营活动的影响，提出进一步的调控机制与对策。另外一些地域类型土地退化和生态恶化比较严重，所以要揭示它的成因机制、动态过程及发展趋势，提出宏观整治战略及生态建设的途径与措施。

土地退化的概念范围很广，包括沙漠化。过去从全球变化来讲，国际上用“desertification”，中文译为“荒漠化”。但“荒漠化”这个词后来常用“土地沙漠化”一词代替，特指在干旱、半干旱区由于气候变化和人类活动所导致的土地沙质荒漠化。

从我们国家来看，土地退化涉及西北地区和北方地区的土地沙漠化，比如西部和北部五大草场由于放牧过度而造成的草场退化，还有一些地下水位比较高的，像黄河河套地区、华北黄淮海平原等地方的土地次生盐渍化等。而在东部湿润、半湿润地区，则主要是由于人类活动不合理，如森林的乱砍滥伐等，导致土壤水蚀，即由水力造成的土壤侵蚀而引起水土流失的土地退化。

图13是青藏高原腹地的草场退化。当地叫这个地方为黑土滩，由于过度放牧引起鼠类种群的变化，造成根系的破坏，可吃的草被吃尽，留下来的都是少管的、不可吃的草类。

青藏高原就天然草场而言，发展畜牧业的主要限制因素是草场时空分布的不均衡，生长季短、枯草期长。在青藏高原，大部分冬春草场严重退化。据估计 $(1000\sim1300)\times10^4\text{hm}^2$ 草场的生产力就减少了20%～

50%。退化草场为鼠类、鼠兔以及昆虫提供了良好的生境，它们啃食牧草、加速恶性循环。鼠害、虫危害破坏了青藏高原$1300\times10^4hm^2$的草场。

▲图13 青藏高原地区的草场退化

图14这个地方被化工厂的废渣污染，由化学原因导致的土壤退化占全球土壤退化的12%，这是非常严重的。目前农田用地面临化学污染和城市废弃物的威胁。化工垃圾处理也有很多问题，工人的防护措施很少。化工厂排污的地方，还有当地小孩就在那里活动。所以这对人类的生存发展有严重的威胁。目前全世界城市化发展很快，在中国目前大概是以每年1%的速度增长，但城市化也有许多负面的影响，包括空气污染、交通拥挤、城市垃圾等问题，特别是中国城市化问题更需要关注。

▲图14 农田的化学污染

从环境整治方面，目前中国采取了一个比较好的措施，以小流域为单元进行整治，这也符合地理学的客观规律。比如说从上游到下游，我们采取天然恢复整治与人为结合的措施。天然恢复整治包括封山育林的措施，人为措施与天然恢复整治相结合的工程措施、生物措施，还有土地利用结构调整等等。在不同的地区采取不同的措施，比如淤地坝在黄土高原可以做，等高活篱笆可以在南方做，修建梯田，长期以来是劳动人民创造的一种方式，根据实际可以开展相应退化土地整治的试验和示范工作，使得不同的地区得到不同的发展。

图15是金沙江流域四川宁南县坡地上的等高活篱笆试验示范。总部在尼泊尔的国际山地发展中心的项目支持中国开展试验，在这里就用一些植物构筑活篱笆。即沿着等高线种植快速生长的、能够固氮的一些豆科灌木等植物种类，形成活篱笆，而在其间的坡地中间可以种植一些庄稼，这样能够逐渐让坡面的水流过来渗

▲图15　四川宁南坡地的等高活篱笆

▲图16　宁南坡地水利工程——山坡水窖

出去，而土壤能够被挡下来，逐渐形成坡耕地，效果很好。

图16是宁南坡地水利工程——山坡水窖，还有一些配套的措施，说明这个地方降水量是很多的。但是整体来讲，雨水的利用存在问题，所以要在山顶修一些水库，能够在旱季的时候进行灌溉。山坡水窖则可以在路边收集雨水，水窖里的水可以用来进行多次灌溉，要不然连百姓喝水都有很多问题。

图17是在腾格里沙漠的铁路边上采取了很多措施

▲图 17　沙坡头方格固沙障

来防沙固沙，这对交通线的保护起到重要的作用。从沙漠治理来看，我们国家也积累了很多的经验。沙漠中流动沙丘的治理也有很多经验，包括阻挡沙、稳定沙，采取草方格、栽植固沙植物等等，能够逐渐形成固定沙丘。在公路边上或者铁路边上做一些方格的固沙障，用稻草做一些沙障，让它固定起来，然后中间可以种植一些固沙植物或者让它自然恢复。

生态环境建设里一个很重要的问题就是湿地的保护。图18是若尔盖沼泽草甸湿地，这是20世纪80年代拍的一个镜头。

图19是若尔盖沼泽疏干排水渠。在20世纪80年代当地为了发展牧业，认为水多了就不好，于是挖排水疏干的渠道。实际上湿地是需要水的，这样的破坏对整个草场未来的发展影响较大，甚至会导致进一步沙化。

▲图 18　若尔盖沼泽草甸湿地

▲图 19　若尔盖沼泽疏干排水渠

还有一个是生物多样性的问题，因为生态建设里也涉及生物保护的问题，比如外来物种如果处理不好，会造成生态入侵的危险。

沿海地区红树林的保护问题，也是需要注意的，因为有些地方已经对红树林进行了开发，从全球的角度看也有这些问题。

在东喜马拉雅山南麓有一种树蕨,是比较珍贵的。另外对动物区系做一些调查,能够了解这个地方动物的生态,知道哪些地方应当采取保护措施。在青藏高原北部的鲸鱼湖畔的藏羚羊群的种群得到了比较好的保护。在高原腹地,野牦牛也是非常珍贵的,现在野牦牛的种群有所增加。

在我们进行生态建设当中可能要引进一些物种。但从总体来看,还是应当更好地利用生长在本地的土著种类,使之能够更好地发展。我国大概在20世纪六七十年代引进了一种叫做"大米草"的植物。当时认为能够很好地发展,但是现在已经在福建、浙江等地发展成灾了,而且导致当地一些物种灭绝。目前我们国家引进物种800多种,占我国栽培植物的25%,但是引入的有害物种有100种。可见引进物种对发展农林牧副渔业作出了贡献,也带来了负面的影响和问题。

从自然资源保障与生态环境建设的角度来讲,重点研究方向包括水资源的利用、演变规律、土地质量的演变,也包括生态系统的功能。因为现在它们对生态系统到底有什么功能?如果保护它会有些什么价值?这些都需要进一步评估。另外,环境质量的评价、预测与区划等也是需要我们进一步研究的重点。

另一个领域就是关于区域可持续发展和人地系统机理的调控。在人地关系中,人口与经济社会发展同自然资源和环境之间有反馈作用，有的是直接的，有的是间接的。从总体上来看，区域的经济增长包括社会发展，是要建立在有效控制人口增长、合理利用资源、改善环境质量的基础上的。所以要把区域里的人口、资源、环境与发展作为一个整体，研究它的结构功能、相互作用机理，预测其发展趋势。当然在不同地区有不同的过程，所以要拟定进一步调控的对策，提出区域发展优化模型。从人地关系与可持续发展的角度，应该进一步关注人地关系协调发展的重大问题。现在提出科学发展观，实际上就是人与自然协调发展的问题。另外还要分析环境问题产生的原因和后果，要关注在全球变化条件下，经济全球化背景下区域之间的合作与竞争问题。

这里就涉及对人类社会发展模式的反思。从传统模式来讲，就是经济不断地增长。但是这种发展模式实际上是对自然界的支撑能力了解得不够，而且会造成很多的环境问题，所以20世纪70年代已经出现很多问题。从80年代开始进一步寻求发展的新模式，来体现人与自然界的协调，以及不同代际的这种关系。所以应当在不同尺度的区域内寻求人与自然环境之间的协调发展。

从环境发展的角度，20世纪60年代以来就有很多的进展。1962年发表的《寂静的春天》，使得人们开始密切关注环境问题，这是环境运动的开端，认为自然的平衡是人类生存的基础。从另外一个角度,引发了1972年斯德哥尔摩的环境会议,提出了“只有一个地球”,人类对环境的权利和义务以及资源可持续利用的问题。1987年,由布伦特兰夫人主持的一个委员会发表了《我们共同的未来》文本,提出了可持续发展观念,即在满足当代人的需求的同时,不损害后代人满足其自身需求的能力的发展。到了20世纪90年代,全球环境与发展会议进一步提出人口与环境发展关系的问题,在这个领域里达成全球合作的共识。

这里举个例子,就是我们在西藏拉萨地区做了一个“拉萨地区可持续发展实证研究”,包括环境问题和发展问题。从发展的角度主要是经济指标、社会指标,而生态与环境状况就是它的可持续性。

从我们分析的结果看,20世纪60年代到70年代,拉萨地区总的来讲基本上是不可持续的。但从这个轨迹来看,80年代和90年代从发展的角度是往上的,但它是在朝不可持续的角度发展。所以需要能够采取一些政策调控,让它朝可持续发展的方向走。这里要研究的问题还是比较多的,重点包括城市化问题、对区域发展的指标调控,还包括人地系统类型的分析,也涉及环境的伦理问题、可持续发展的问题。

地球信息科学技术与数字地球的研究这一部分,是第五个重点领域。地球信息科学是地球系统科学、空间技术和信息科学等交叉、融合的产物，以信息流为手段研究地球系统的物质流、能量流和人流的运动状态和方式。所以整体来讲，为地球系统的综合研究和大型地学问题的解决提供了强有力的支持，促进地球系统科学研究的现代化与信息化。总的来讲用数字化的手段，整体解决地球存在的一些问题，这种发展的趋势能够提供可视化的平台，为地球科学的实验提供基本的模型框架，重演地球各个圈层的演变历史，评价现在并预测未来。

从山地研究来看，比如说根据不同的调查，有不同垂直带的数字带谱。然后根据对其带谱的研究，把中国东部地区的带谱归纳起来，比如山地针叶林带的上限和下限，它区域分布的特点等。

重点的领域包括地球空间信息机理的基础理论与方法，地球空间信息分析模型的研究，以及数字化、信息共享等等。

地理学的上述五个前沿领域之间是密切联系、互相支持的，所以应当发挥地理学的这种综合优势，将自然地理、人文地理和地理信息科学技术融为一体，进行综合集成。

四、公众的科学素养

我们想从地理学的角度要求大家，无论是社会公众也好，政府决策管理人员也好，企业家也好，都需要学习地球系统科学的知识。因为我们是生活在地球上，地球是人类之家，所以要了解地球，掌握地球表层的客观规律，然后才能够护育好我们的地球家园。这里包括人地关系的发展变化，社会发展模式的反思，从而达到全面的可持续发展。

在人类社会的不同阶段，人与自然的关系也有个发展变化的过程。比如在最初的阶段，人对自然的依赖性很强，因为那个时候只能听天由命。后来人类为了生存而开发利用自然，逐渐发展生产，能够养家糊口，所以在农业时代，就保持相对融洽的、还不是非常对立的这种关系。到了工业化阶段，人类对自然界的作用增强了，认为自己很厉害，能够主宰世界，主宰自然，但是人类对自然界的作用不断得到回应和报复，所以工业化后期，人类社会对发展模式开始进行反思。

在狩猎和采集时期，人对自然的依赖性很强，表现为依赖和适应。所以人类活动是受自然条件制约的，基本上还是自然的状况。

在农业时代基本上就是人类生产直接作用于自然客体，规模比较小，强度比较低，其负面影响比较小，人类与自然界保持比较融洽的非对立的关系。

工业化阶段对自然界的作用增强，由于科技进步，生产力提高，很多人聚集在一起，过分强调人类的能动作用。

全球环境变化与区域可持续发展是当今我们全社会关注的重要问题。地球系统科学知识一方面是认识和寻求解决途径的理论基础,不仅专业人员需要掌握,管理决策人员和社会公众也应当了解。所以应当通过教育和科普的各种媒介和途径,广泛地传播地球系统科学知识,让全社会认识地球、尊重自然,建设好人类家园。这里涉及一个环境伦理的问题,有人认为以人类为中心,人类发展起来就行,大自然也好,有生命的、无生命的也好,认为跟人类没有直接的关系。但整体来看,人与自然是互相关联的,应当用相对的、可变的观点看待人与自然的关系。我们应当对自然界进行有效的维护,但不是放弃人的主观能动性,而是在尊重自然规律及其内在价值的基础上来规范人类的活动,构建信息时代新的文明发展模式。人类是地球自然界的一部分,只有从全球整体利益出发,才有长远的安全性和包容性。

但是从另外一个角度看,人类社会历史发展的差异很大,国家利益和地区利益不同。比如发达国家总是从发达国家的利益出发,所以人与人之间的矛盾影响着人与自然的关系的发展。20世纪90年代提出按照生态占用的指标来衡量,有的发达国家的消费本身非常大,超过它本身国土自然生态系统的承载力。比如美国的消费就非常大,如果用它本身的自然系统来衡量的话就支撑不了。从另一个角度看,如果中国按照发达国家的水平来生活的话,就得有多少个地球才能够承载呢?这就说明我们在发展过程中,对于消费、资源等等都应当慎重来考虑。所以从全球角度出发,要处理好人与人的关系,需要国际合作,才能够达到人与自然的和谐发展。如果片面地从某一个国家的利益出发来发展,它必然会影响到全球的可持续发展。这个生态占有量很形象,支撑的东西需要占用多大范围的生态系统,说明这个承载力是有限的。它的承载力就是为人类的生存提供资源或消纳废弃物的、具有生物生产力的地域空间。

我们应当关注的领域主要是我们在日常生活当中制定的政策规划以及其他应当关注的问题。比如计划生育,就是要我们控制人口数量,提高人口素质。另外从节约资源的角度来讲,要合理利用非再生资源或用其代用品。从生态修复角度来讲,更着重于恢复自然植被本身的自然更替能力。环境整治方面也是这样。

从生态修复的角度来讲,人工纯林会造成生物多样性的匮乏、水土保持功能弱,易导致病虫灾害、养分失衡、火灾风险比较高等问题。所以生态修复过程中应充分利用这种天然植被的功能,人工纯林植物种类较少,层次结构也单调,导致有的地方成为“绿色荒漠”。所以建立生态林应当是适合当地水热条件的、多功能的森林生态系统。

谈到环境整治，沙坡头固定沙丘的措施，实际上已经固定得很好了，不需要再去种那些看起来较高大的灌木。如果那样种植的话，反而会造成土壤水分的衰竭。所以有的地方如果不适宜种树，却强制植树，甚至会破坏原有植被，损坏自然界。有的沙丘表层形成沙结皮就可以了，就能够保护这个沙丘不让它流动。从环境整治来讲，像沙漠公路的防风固沙，是局部的保护，也是非常必要的。此外，需要关注的领域还包括清洁生产、减少污染、适度发展、合理消费、护育自然。

比如说护育自然，在阿里地区的公路边上就可以看到黑颈鹤；在阿尔金山自然保护区里保护得比较好的藏野驴群，它的种群还是得到了进一步的发展；川西地区的山地常绿阔叶林，应当算是比较原始的林地。在新疆喀纳斯那里有一条标语叫做“与自然和谐相处，同地球重修旧好”。说明我们过去曾经与地球和谐相处，但已经后来却破坏得很厉害了，现在要重修旧好。所以我们要跟自然和谐相处。

数学的现在与未来

王　元

一、数学及其在现代科学技术中的地位

二、数学问题的来源

三、衡量数学成果的价值标准

四、21世纪的数学

【作者简介】王元，数学家。原籍江苏镇江，生于浙江兰溪。1952年毕业于浙江大学。中国科学院数学研究所研究员。1980年当选为中国科学院学部委员（院士）。

主要从事解析数论研究。20世纪50年代至60年代初，首先在中国将筛法用于哥德巴赫猜想研究，并证明了命题{3,4}，1957年又证明{2,3}，这是中国学者首次在此研究领域跃居世界领先地位，其成果被国内外有关文献频繁引用。与华罗庚合作于1973年证明用分圆域的独立单位系构造高维单

位立方体的一致分布点贯的一般定理，被国际学术界誉为“华—王方法”。20世纪70年代后期对数论在近似分析中的应用作了系统总结，产生了广泛的国际影响。20世纪80年代在丢番图分析方面，将施密特定理推广到任何代数数域，在丢番图不等式组等方面做出了杰出的工作。

今天我讲的题目是“数学的现在与未来”，我想讲以下几个问题：数学是什么，数学在现代科学技术中的地位，数学问题的来源，衡量数学成果的价值标准，最后一个问题是21世纪的数学。现在我们就按这个次序来谈一谈我个人对这些问题的看法。

一、数学及其在现代科学技术中的地位

首先，我来谈谈数学科学到底是什么，它在现代科学技术中的地位怎样。关于这个问题，我们应该引用一下钱学森对现代科学的分类。他把科学分为三大类：自然科学、社会科学和数学科学。在后来的研究当中他又增加了系统科学、思维科学、人体科学等等，但最基本的还是我们前面提到的三大类。

什么是自然科学？简单讲，自然科学就是从物质运动这个着眼点去研究整个客观世界的科学，也就是说，自然科学总是要研究一个自然现象即物质运动的规律。社会科学是什么？社会科学就是从人类社会的发展这个着眼点去研究整个客观世界的科学。那么，数学科学又是什么呢？它是否可以包括在自然科学里面？它与社会科学又是什么关系？可以这么说：我们的哪一门科学技术都离不开数学科学的一门或几门学科。数学科学研究整个客观世界的着眼点，我们可以用恩格斯

▲图1 1996年,钱学森会见从美国来访的老友Wable教授,并交流学术问题

的一句话来说,到现在为止我觉得这是对数学科学最精确的一个定义,他说:“纯数学的对象是客观世界的空间形式和数量关系。”空间形式是一个很抽象的讲法,数量关系也很广义。所以,根据恩格斯的定义,数学科学不是研究一个特定的自然现象,也不是研究特定的人的活动规律。它既然是研究空间形式和数量关系,而这两个东西又是蕴涵在所有的科学技术乃至人类的活动当中的,数学科学便成为了独立于自然科学和社会科学的一门科学。现在我们谈谈基础科学的含义。传统的基础

科学就是中国科学院过去旧的提法，它分为六大类，即数学、物理、化学、天文、地学、生物。但是现在按照钱学森的看法就不是这样，他认为基础科学只有两门：一门是物理，研究物质运动的基本规律；一门是数学，指导我们逻辑推理的一个学科，而且是一个演算学科。其他的学科即化学、天文、地学、生物，钱学森认为都是这两门学科派生出来的。按照他的原话：化学其实就是研究分子变化的物理；古典的天文学是看星星怎样运动，而现代天文学要研究星星内部到底是怎样变化的，要研究宇宙的进化，而这只能靠物理的方法来研究，所以，它也是物理的一种应用；现在的地学要研究板块的理论以及搞清地球内部的结构也要靠物理；生物学到了生物分子学的水平实际上也做到物理上去了。所以说数学和物理是以上讲的几门基础科学的基础，亦即现在所说的基础科学只有两种：数学和物理。

二、数学问题的来源

既然数学不是自然科学也不是社会科学，那么，数学问题就不能从自然现象中产生，也不能从社会科学的人类活动中产生。数学到底是怎样产生的，根据恩格斯的说法，数学是研究空间形式和数量关系，最早的空间形式和数量关系来源于经验且由外部现象提出来，数学家把它整理为一个数量关系再加以研究。最早的数学就是整数,像1,2,3…这样的自然数就更早了。整数要在自然数的基础上加上0,-1,-2,-3…。数学起源于"数",它的加、减、乘、除四则运算都是在人类文明早期经过慢慢的经验积累才得到的,最早的数学都还是来源于外部,最早的几何学也是来源于外部。

比如,我举几个简单的例子:我们可以用直尺和圆规二等分一个角,那能否用它们来三等分一个角?这是古典几何里面最著名的一个问题。还有,二倍立方体是什么意思?假如我们要做一个体积等于2的立方体,它的边长是多少?大家都知道它的边长是2的三次方根。2的三次方根能不能用直尺和圆规作图?还有,给你一个圆,你能否作一个与圆的面积一样大的方的图形?圆的面积是πR^2,方的面积是d^2(d是边长),能否用圆规和直尺把它画出来这些是最简单的,我想中学生都知道这些东西。深奥一点的有微积分、曲线论和曲面论等等,它们都来自物理、天文和力学的一些数量关系的问题。

古希腊时的三大几何作图问题现在都解决了,也就是说用现在的方法可以证明刚才的三个问题,但用圆规和直尺,也就是用中学的平面几何手段不能解决。这三个问题中最难的是第三个化圆为方的问题,化圆为方实际上可以归结为π这个数的问题,可以证明π是一个超越数。所谓的超越数就是指不满足任何整数为系数的代数方程。前面的三等分角和二倍立方体，它化为一个数的开三次根号；前面的二倍立方体问题就是$x^3-2=0$的解可否由圆规直尺画出来；这些问题都已经在19世纪解决了。中国古代也早就知道了数学的四则运算，所谓的筹算现在已经失传。以上所说的都是外部世界给数学提出来的最早的问题。

但作为一门学问、一门科学，随着自己的发展必然具有自身的独立性。通常它不是明显受到外部世界的影响，它是借助于推理和推导把概念一般化，例如，素数理论、伽罗华理论就不是从外部世界上提出来的。前面三个问题虽然是从外部世界提出来的，但它解决不了随着自己的发展而出现的问题，有了伽罗华理论，这个问题就解决了。整数的四则运算也是从外部世界提出来的，对于“素数”而言，它除了本身和1之外，其他的数都除不尽它。比如，1,3,5,7是素数，而6就不是素数，因为它可以变成2×3。素数有很深的理论，从欧几里得到现在研究了几千年也才研究了一点，它是数学本身产生的一个理论，是从数学内部矛盾中产生出来的问题。华罗庚很早就指出：“数”与“形”是数学发展的一个源泉，几何图形所引出的几何直觉和由数引出的具体关系和概念往往是数学中极丰富的源泉，这是数学本身给数学源泉提出的一个重要方面。

怎样选择数学问题是一个很重要的问题。数学问题既然很多是空间形式和数量关系，那这无穷尽的数学问题是否可以随便提？认为可以随便提是不对的，以为变成了数学就没有任何限制，更不对。自然科学是研究某一个特定的自然现象，它提的问题不会很广泛。那么，数学的问题该怎么提？如果提得对，我们就有一个正确的方向；反之，我们搞的问题就没有意思，从古至今，人们都知道提问题的重要性。数学主要是由问题来推动它的发展的，这个观念是在1900年提出来的，是在1900年国际数学第二次大会上由20世纪初最伟大的数学家之一希尔伯特提出来的。他是一个德国人，在数学会上作了一个关于数学问题的报告，我想希尔伯特的报告在数学会的历史上是最重要的一个报告，没有第二个报告能有它那么大的影响力。他在报告中举了两个问题作为例子来说明数学问题的重要性，这两个问题一个来自外部世界，一个来自内部世界。外部世界的问题他没有多解释，但大家一听就清楚，就是“三体”问题，“三体”即太阳、地球、月亮。这三个体中的任何两个体都满足于牛顿的万有引力定律，即太阳与月亮、太阳与地球以及地球与月亮之间都满足于牛顿的万有引力定律。根据万有引力定律可以把这三个物体的运动方程列出来，但是这个运动方程的整体解能否解出来、能否把它的运动规律整个弄清楚？到现在这个问题也没有解决。所以，这个从外部世界来的问题对数学来讲也是非常重要的。

从内部世界来的问题就是所谓的费尔马大定理，即$x^n+y^n=z^n$，它的意思就是：当n大于或等于3时，没有非平凡解。平凡解就是$x=0$，$y=z$或者$y=0$，$x=z$。这个问题看上去很简单，但为什么还要研究这个问题？到现在为止我们很多人还不明白费尔马大定理的重要性。研究费尔马大定理只是把它作为一个研究对象，我们的目的是要通过解决这个问题来发展数学。19世纪德国有个数学家库默尔研究费尔马大定理也没有解决这个问题，但他引进了理想数的概念，理想数不是数。整数可以分解成素数乘起来，而且这个分解是唯一的。但如果把整数的概念推广为代数整数，那么这个唯一因子分解就不对了，而且可以无穷次地分下去，这个数学最基本的概念随着数学推广以后就不对了，那么数学这门科学就建立不起来。于是库默尔引入了理想数，理想数可以分解，而且可以唯一地分解。还可以把整数的重要性质搬过来，他得出来的理论就是从研究费尔马大定理来的，它的作用远远超过了研究、解决费尔马大定理本身，所以它可以深入到代数、函数论等很多数学领域。这样可以看出，数学内部产生出来的问题是非常重要的。很多人认为费尔马大定理证明是20世纪最伟大的成就之一，我想他们这么认为也不为过。费尔斯和华尔斯都对这个证明有重要的贡献。费尔斯证明了$x^n+y^n=z^n$的解答是有限的。华尔斯就全部证明了。他们的证明不像平时普通的方法来处理$x^n+y^n=z^n$,他们的工作是20世纪重大理论成果的一个综合,至少是在椭圆曲线论、伽罗华表示论等这么多重大理论的基础上做出来的。我到现在还不知道华尔斯是如何证明的,只知道他证明的框架,很多的证明细节我看不懂,还有很多东西我并没有掌握。费尔马大定理只是这些理论的一个推论,他可以证明这些理论就是非常伟大的。所以,华尔斯得到了许多重大的奖。我前面讲的两个例子就是希尔伯特讲的,数学内部可以提供这么多重要的源泉。

下面讲一讲希尔伯特这个报告中提到的23个问题,这23个问题正好说明他的眼光很好(见图2)。这23个问题是介绍给20世纪的科学家来研究的,因为它是1900年,即20世纪第一年作的报告。这23个问题都来自数学自身的矛盾,经过了一个世纪他的问题有的解决了,有的只解决了部分,有的问题还要留待21世纪乃至更长的时间来解决。希尔伯特的问题有了进展,在国际上都会给做出进展的人以很高的评价,只要有一些进展就会受到整个数学界的注意。现在简单介绍一下希尔伯特的问题。他的第一个问题就是关于无穷集合的问题,我们知道的无穷集合很多,比如整数就是一个无穷集合,实数也是一个无穷集合。希尔伯特第一个问题的意思就是整数可以与有理数一一对应,但它不能与实数

The *Mathematical Problems* of David Hilbert

About Hilbert's address and his 23 mathematical problems

Hilbert's address of 1900 to the International Congress of Mathematicians in Paris is perhaps the most influential speech ever given to mathematicians, given by a mathematician, or given about mathematics. In it, Hilbert outlined 23 major mathematical problems to be studied in the coming century. Some are broad, such as the axiomatization of physics (problem 6) and might never be considered completed. Others, such as problem 3, were much more specific and solved quickly. Some were resolved contrary to Hilbert's expectations, as the continuum hypothesis (problem 1).

Hilbert's address was more than a collection of problems. It outlined his philosophy of mathematics and proposed problems important to his philosophy.

Although almost a century old, Hilbert's address is still important and should be read (at least in part) by anyone interested in pursuing research in mathematics.

In 1974 a symposium was held at Northern Illinois University on the *Mathematical developments arising from Hilbert problems*. A major mathematician discussed progress on each problem and how work on the problem has influenced mathematics. Also, 23 new problems of importance were described. The two-volume proceedings of the symposium was edited by Felix Browder and published by the American mathematical Society in 1976. See also Irving Kaplansky's *Hilbert's problems*, University of Chicago, Chicago, 1977.

There is also a collection on *Hilbert's Problems*, edited by P. S. Alexandrov, Nauka, Moscow, 1969, in Russion, which has been translated into German.

▲图2　希尔伯特的数学问题

一一对应，实数比整数多得多，所以不能构造一个从实数到整数的一一对应。希尔伯特的第一个问题就是你能不能找到一个无穷集合，它的元素的个数比有理数多，但比实数少，它不能与有理数一一对应，也不能与实数一一对应。科恩因为解决了这个问题而得到了费尔斯奖。这个无穷集合的存在与否与现在的公理都不矛盾，这个问题就是21世纪一个了不起的重大成就。

再讲一个简单的问题，比如第七个问题。我们前面讲了π是一个超越数，就是说π不适合任何一个代数方程。现在希尔伯特提出来：$\alpha\beta$也不适合任何一个代数方程，其中α本身适合一个代数方程，同样β也适合，但β不是一个有理数，$\alpha\neq0,1$，即$\alpha\beta$是一个超越数，比如$2\sqrt{2}$，就是一个超越数。希尔伯特生前认为这个问题的难度大得不得了，比费尔马大定理都难，但在他过世后不久，这个问题就解决了，是由俄国人盖尔夫和一个德国人独立解决的。这个问题的发展者也得到了费尔斯奖。许多人由于对希尔伯特的问题有贡献而得到了数学界最高奖之一沃尔夫奖。

中国是否与希尔伯特问题有关系？有一些。希尔伯特的第八个问题就与中国人有很大关系。这个问题包括两部分：一部分是哥德巴赫猜想，到现在还没有解决，就是两个变数非齐次线性不定方程。在素数中求解问题，是以哥德巴赫猜想和孪生素数有无穷多为背景的，即 $2n=p+p'$（每个大于等于4的偶数都是两个素数之和），$p-p'=2$（存在无数多对素数(p,p')，使得$p-p'=2$，$2n$是一个常数。p,p'是两个变数，它们前面的系数都为1，问这个方程在素数里面是否有解。$p-p'=2$中，我们知道素数有无穷多，但不知孪生素数是否有无穷多，p与p'相差等于2。比如，3与5相差等于2；5与7相差等于2，这是一对双胞胎。这对双胞胎到底是有限的还是无穷的？这两个问题都有三四百年的历史了，到现在也没有解决，但关于这两个问题的研究，中国数学家的工作至今一直处于世界领先地位。哥德巴赫猜想是1742年提出来的，但比他早100年的笛卡儿也提到了这样一个问题。不管它的历史有多久，它在20世纪才有突破性的进展。哥德巴赫猜想推动了数学的发展,数学中有名的圆法、筛法、指数和的估计方法的产生与发展都跟它密切相关。很高兴我国的数学家陈景润、潘承洞院士对这两个问题做出了重要的贡献。陈景润的结果是"1+2",即每个充分大的偶数都是一个素数与一个不超过两个素数因子乘积之和,即 $p_1+p_2p_3$ 就可以把充分大的偶数表现出来,假如把 p_2p_3 变成 p_2,这个问题就解决了,陈景润的结果只跟最后的结果差一步。在国际上介绍费尔斯奖的书里面都讲了陈景润的结果,说这是天才的结果。希尔伯特的23个问题中也谈到了这个,这是我们中国人值得骄傲的事情。关于哥德巴赫猜想也发了几次费尔斯奖,它的副产品很伟大。

除了上面谈到的23个问题以外,在20世纪还有许多重要的数学问题被提出并得到解决。例如比布巴赫猜想——函数论中的一个重要的猜想,20世纪就被一个叫德布朗基斯的美国人研究出来了,但当时没有人相信他解决了这个问题,后来他到俄国去,彼得格勒一个叫米勒的科学家肯定了他是对的,以至于他的结果在美国解决,但在俄国才得到肯定。这个猜想是:一个单位圆里面的单叶解析函数,如果把它展开为幂级数则其系数的绝对值小于 n,过去总是要比 n 大一点或者只有当 n 等于2,3,4等等时,才能解决。再比如傅里叶级数是从实际当中提出来的,但数学本身也提出了许多伟大的问题。例如，鲁金是俄国的一位数学家，他是实变函数论的专家，他提出了傅里叶级数当中的一个问题，就是说如果这个函数L^2可积的话，它的傅里叶级数就是几乎处处收敛的。这个问题在20世纪被瑞典的数学家卡尔斯解决了。

所以，数学本身矛盾的发展除了要解决一些疑难问题之外，还要对本身的概念作进一步的延拓与推广，比如前面讲的理想数就是数的推广，甚至建立一些新的概念。20世纪拓扑学的发展是非常重要、非常之快的，而且也是数学领域里的一个重大事件，代数拓扑的发展和进步改变了数学的面貌。还有广义函数的概念，普通函数就是一个数就有一个对应的数值。广义函数如果用普通函数的定义去理解就不好理解。例如一个单位圆里面有一个收敛的幂级数，当这个变数趋于边界时它就没有意义，我们就可以把这个边界算成一个函数，这就是广义函数。这些新概念都是20世纪提出来的，也是数学内部矛盾发展产生出来的。系统化数学概念的提出，是数学内部矛盾解决难题的另外一个方面，所以它的广度与深度都要比19世纪广泛得多。

之所以讲这么多数学的内部矛盾，是因为我国的数学发展在改革开放前走了很多弯路，当时有些“左”的思想对数学有些干扰。这些极“左”的思想表现在：不承认数学内部会给数学提出问题，只承认数学的外部问题，即所谓的理论联系实际。理论联系实际当然是好的,但你要否认数学内部会给数学提出问题,本质上就是妨碍了数学的发展。所以我国的数学在改革开放前受了很大损失。

但外部世界也在不停地给数学提出问题,我们知道,古典1、2、3地数数提出了整数,几何当中的最早问题都是从外部世界提出来的,17世纪就有了微积分、傅里叶级数、曲面论、曲线论等问题,它们都是外部世界提出来的。有人曾问:20世纪乃至21世纪,甚至以后,外部世界能否给数学提出问题?我可以说,肯定能提出而且提出的问题会越来越多,越来越深刻。比如在20世纪二三十年代,由于工业、经济的发展以及军事的需要产生了数理统计,第二次世界大战受到军事和经济的影响产生了运筹学。我们知道钱学森刚回国时就大力提倡运筹学,就是因为他在美国时知道第二次世界大战产生了运筹学,这门学问跟经济和军事有密切联系。再比如,组合学和图论在古代是一种数学游戏,或者说与日常生活有关系。例如大家知道的36个军官问题和15个女人问题,这些都是生活中的一些很有趣的问题。但20世纪计算机科学发展以后,就对这两门学科产生了刺激,使得它们现在变得非常重要。比如现在有所谓的公钥密码,过去的密码是秘密的,现在的公钥密码就可以部分公开,可你却破不了,这里就用到了数论的问题。比如我们知道两个数乘起来很简单，要是给你一个数，你能替我分解因子吗？计算机再快，如果这个数很大也是分不出来的，假如你分不出来，你就不能破密码，这就是有名的密码学里的RCA。再比如对数很简单，假如离散对数，你也做不了，因为你不知道我给你的这些数它的离散对数的方次是多少。这些都是数论的应用。很多数学家都认为数论是一个最没用的东西，甚至很多做数论的数学家都说我这个东西好就好在它没用。但现在数论变得非常重要，因为密码学基本是建立在数论上的，这是数论的一个很大的应用。有一次我在美国听了一次学术报告，报告人是美国科学院院士朗格·伦，他的第一句话就是：我们过去认为数论最没用，现在可以说它是最有用的一门数学。所以说，外部世界不停地给数学提供问题，问题促成了很多新的学科形成，而且很多古老的数学因此焕发了青春，得到了活力。所以这方面不可轻视。

三、衡量数学成果的价值标准

现在我讲讲衡量数学成果的价值标准是什么。根据钱学森的意思，数学是一门独立科学，既然是一门独立科学，它就有自己的一个价值标准，就不能把它是否对其他学科有用当做唯一的价值标准。像这种认为数学对自然科学有用就是好科学,对自然科学没用就不是好科学的说法是不对的。从古至今,过去认为数论没用,现在认为非常有用,这都说明数学本身应该有自身的价值。其自身的价值首先是真实的,无论数学是多么的抽象,它都是真实地反映客观世界的空间形式和数量关系,如果不真实,那就是伪科学。

另外,数学还要求美学的观点。什么叫数学美?数学美应该带有一点主观色彩,就像有人说胖子美,有人说瘦子美,不能一概而论。数学有主观色彩,也与数学家的文化背景有关,所以它是一个很复杂的问题。数学美是一个标准不是我的发明,我可以列举一些大数学家的讲法。20世纪英国数学家哈代(圆法的创始人)认为:美是第一要素,世界不会给丑的数学以永久的位置;德国数学家海默尔·韦尔(20世纪公认的最伟大的数学家之一)认为:他的工作总是把美和真联系起来,而当他必须做出选择的时候,通常选择美;冯·诺伊曼(他是计算机之父,是很多应用数学和纯数学的奠基人或开拓者)认为:数学家无论是选择题材还是判断成功的标准,主要都是美学的;庞加莱(他是19世纪末20世纪初最伟大的数学家之一)认为:数学家非常重视他们的方法和理论是否优美,这并非华而不实的作风。总之,概括地说,美就是"简单、清晰、对称、奇异"。

数学美中最重要的一个标准就是简单,简单的问题大家都看得出来，比如前面希尔伯特的23个问题就简单得不得了，第一个问题就是在实数和有理数中间有没有一个无穷集合；还有费尔马大定理、哥德巴赫猜想都非常简单。所以说简单是数学美最重要的一个标准，其他标准都不如它重要。那么数学应用是不是不要谈美？不是。好的应用数学都符合数学美的标准。还有一个标准据说是阿尔德斯（他是20世纪伟大的数学家，得过沃尔夫奖）讲的，他说好的数学应符合三个条件，即应该符合“有趣、深刻、有用”的标准，这三个标准都是符合数学美的。因为假如说它是深刻的，则必然很简单；假如说它不简单，则不会让人对它感兴趣，就好像假如我讲完，你们都忘光了的话，那你们就是对我讲的没兴趣。所以，只有简单的、美的东西才会使人感兴趣，他这三个标准跟美是不矛盾的。美的东西往往深刻、有用，有用的东西和深刻的东西也总是很美。所以阿尔德斯讲的三个条件都符合美的标准。

我们现在来看看20世纪应用数学的一些重要成果。20世纪大家公认的应用数学的重要成果有线性规则、快速傅里叶分析、有限元法、蒙特卡罗方法、伪蒙特卡罗方法及小波分析等等，都是既简单，符合数学美之标准，又很有用的成就。我记得蒙特卡罗方法来自冯·诺伊曼和乌拉姆，他们在制造原子弹的时候，许多老的计算方法不能算了，当时计算机又没有造出来，所以他们就用蒙特卡罗方法来计算。蒙特卡罗方法是最简单的，不过后来觉得蒙特卡罗方法不够深刻，不够精密，到20世纪50年代产生了伪蒙特卡罗方法，它也具有简单与美的特点。数论当时被认为是最没用的东西，因为它很美，大家都认为它是供观赏的，就像我们观赏画和欣赏音乐一样。但现在随着新型安全理论的发展，数论已经变得非常有用了。蒙特卡罗方法的关键就是随机数。没有真正的随机数，它们都是由一定的规律来产生的。在第二次世界大战中，蒙德卡罗方法使得军事上的很多计算问题得到了解决。到现在为止，这个方法还是很有用，搞应用数学不知道这个方法是不行的，乃至搞自然科学都要掌握这个广泛有用的方法。伪蒙德卡罗方法可以代替部分蒙德卡罗方法，又比蒙德卡罗方法精密很多。我国跟这个方法也有密切的关系，比如华罗庚对这个问题就有很好的贡献。

四、21世纪的数学

最后，我要讲一下21世纪的数学到底怎么样。根据我前面的框架来讲，我要讲两个问题，一个是数学内部还能给数学提供一些什么问题？第二个是数学外部怎么样？从这两个问题就可以看出21世纪数学发展的一些眉目。当然，数学不是算命，科学也不是算命，大家都算不出来以后是个什么样子，但我们可以从发展规律中找出一些发展潮流和方向。既然希尔伯特提出了23个问题，在100年以后的2000年，很多科学家就希望有一个像希尔伯特这样的人出来给21世纪提出问题，让以后的数学家解决，但现在全世界找不出这样一个像希尔伯特一样对数学这么有全面了解的数学家。现在有一个克勒研究所，组织了现在世界上很多伟大的数学家(比如解决费尔马大定理的安德怀斯以及英国的阿贴尔等人)来一起研究，提出几个问题。现在他们提出了7个问题，这7个问题中有的就是23个问题遗留下来的，有的是新的，这些问题很重要，它还不能在100年内解决，而是给1000年之内来解决的，叫千禧年问题。这些问题还设有奖金，解决每个问题的奖金是100万美金。除了这些千禧年问题之外，还有别的著名数学家提出其他待解决的问题，比如跟中国有关系的哥德巴赫猜想。在四年前英国的一个出版公司悬赏100万美金，希望有人能在两年内解决，但现在四年过去了，还没有人领奖，说明这个问题一直没有解决。这7个问题中的黎曼猜想，就是希尔伯特的第八个问题。其他几个是庞加莱猜想、霍奇猜想、BSD猜想、纳维-斯多克斯方程、杨-米尔斯理论与NP完全问题。

现在，我可以告诉大家一个消息，据说俄罗斯数学家帕尔曼解决了拓扑学的中心问题——庞加莱猜想。

他的文章发表在因特网上，到底正确与否，大家还不知道，不过很多数学家相信他是解决了，他已经在美国还有其他很多地方作了报告。他的这个成就可看成是21世纪的开门红，我想它不逊于历史上任何成就。但有一点可以肯定，21世纪肯定有许多难题将有所进展，或者得到突破甚至解决。19世纪解决难题的难度与20世纪解决难题的难度相比，20世纪要深很多，如果庞加莱猜想对了的话，就会在21世纪打出很响的一炮，也肯定有很多难题会得到解决。

在这里我说几句题外话。世界上现在都很关心帕尔曼。帕尔曼是一个年轻人，他去美国讲学可能挣了一些钱，然后待在家里做了七八年的研究，最后可能解决了庞加莱猜想的证明。再有华尔斯，华尔斯虽然是个终身教授，但他做费尔马大定理也有七八年时间，期间没怎么出来活动，就这样把问题解决了。我觉得我们国家如果真的要把基础水平赶到世界水平上去，那大家就要甘于寂寞，沉下心来做研究，这样的话可能希望更大一点。否则这些问题中国人介入进去的就不太多。我希望我这几句题外话对大家有点参考价值。

另外，可以看出我国的计算机有很大的进步，我们国家自己制造的计算机一秒钟几百万亿次。计算机进步了以后，古典的计算方法都要重新看待它有用还是没用。比如蒙特卡罗方法应该来得很早，早就有了这个想法,但如果没有计算机的模拟,这个东西就没用。有了计算机,蒙特卡罗方法就变得很重要了,古典的方法有些就变得不重要而进入了历史的博物馆。许多新的方法都是由计算机的进步来推动的,现在的计算机又比它的早期有了质的发展,由于发展得太快,它有了质的改变。计算机更新换代,数学方法可能整个也更新换代。有人说每当计算机得到进步时,计算方法总有相应的进步。有人认为科学计算的进步,计算机与计算方法的功劳各占一半。所以,我相信计算方法会得到更快的发展。我们中国有很多在美国的留学生搞科学计算,现在成长得非常快,有的都当了加州理工大学的终身教授。过去小规模信息产生的数理统计方法不宜处理大批量信息,寻求新的数据处理方法也是看得到的待解决问题。我记得美国有个华人教授跟我谈话,他就说数理统计方法将来会有很大的发展,它是有实际需要的。例如,现在中国在美国的留学生当中就有人取得了哈佛大学的终身教授的位置,就是因为他所研究的这门学问很重要。

总之数学的两种源泉——一个是从外部世界来的,一个是从内部世界来的,它们都很重要,而且它们都没有枯竭,我们偏废任何一方都是不正确的。

同时,物理作为最重要也是最基础的一门自然科学,在最近三个世纪以来对数学的发展起了相当大的主导作用,如微积分、傅里叶级数、复变函数论、微分方程与几何学的发展。如果在21世纪物理继续主导自然科学,我想几何、拓扑、微分方程等除自身矛盾发展外,外部刺激仍然是很强的动力。但现在有不少人说21世纪可能不是物理的世纪,有人认为21世纪可能是生命科学或信息科学的世纪。假如它们真的变得像物理这么重要,那生命科学或信息科学就会带动数学的发展。我们数学家不能忽略了这方面的一些东西,否则我们就会走很大的弯路。如果信息科学能起一定的主导作用,那离散数学比如数论、组合与图论就会变得重要起来,这两门科学除了它自身的东西之外,外部世界会对它产生一种强有力的动力。

希尔伯特像

自然科学史与科学文化

董光璧

一、文化的结构及其演化

二、世界科学技术发展史

三、中国科学技术史

四、当代科学技术的整体特征

【作者简介】董光壁，中国科学院自然科学史研究所研究员。从事科学技术史、科学哲学和科学文化方面的研究，造诣颇深，先后发表论文百余篇，著书10余种，在海内外学界影响很大。

长期以来，他在学术研究的同时，一直关注科学普及工作的开展，致力于弘扬科学精神、传播科学思想的工作，在科普理论研究方面也颇有建树，在国内相关领域享有很高声誉。

多年来，他在科普工作中取得了丰硕的成果，先后撰写了《静悄悄的革命》、《传统与后现代》等多

部高级科普理论著作；在各种报刊上发表了大量、科学精神、科学进展的文章；在全国多所高等院校及科研院所发表演讲，并为国内许多重大科普活动进行学术指导和策划，曾担任“科学之门——从诺贝尔奖百年看科学技术发展”、“科学开启未来”等大型科普活动的总顾问，亲自参加了“科普列车老区行”、“科普图书节”等活动。

我们今天所理解的科学，即逻辑推理、数学描述和实验检验相结合的自然科学，形成于16—17世纪的欧洲科学革命，并衍生出科学的现代技术。其直接的渊源至少要上溯到古代希腊文明，其形成是多文明融合的复杂过程，并且伴随着殖民扩张向世界各地传播并发展为人类文明的基础。不断发展着的科学认证了人类在宇宙中的地位，一个不断膨胀的宇宙演化出包括太阳和地球在内的诸多天体，地球上繁衍出生机盎然的众多生命，生命进化出万物之灵的人类，人类的智慧之花又发展出壮丽的文化。在自然和文化相互作用中发展的人类，一直在科学和道德两个源泉的滋养下成长。

一、文化的结构及其演化

文化概念可大体区分为人类学的文化和社会学的文化两大类，人类学意义上的“文化”概念是相对于“自然”而言的，它包括人类的一切活动及其成果，而社会学意义上的文化作为其观念部分包含在其中。人类是自然进化的结果，而文化是人类的创造物，因而也可以说文化是自然演化的延续。“自然”是人类的生存条件，“文化”是人类的生存方式，人类永远要生存在自然和文化的夹缝中。人类既属于自然又属于文化，一切善恶之性都源于这种二重性。人类的一切认识必然受生存条件和生存方式的制约，都不具有绝对的和终极的真理地位，而是随着文化的进化而进步的。

1. 文化系统的结构特征

美国文化人类学家怀特(Leslie Alvin White,1900—1975)把文化看做一个系统，它由技术、制度和观念三个子系统组成，形成一个“文化三角形”。这样的文化系统，在自然环境的制约下，通过子系统之间的复杂相互作用，以其效率、公正和创意之间的平衡，不断完善和发展着人类社会结构。

(1) 技术系统

技术作为利用环境的手段可以说几乎是伴随着人类的诞生而来的，在人类文明史的绝大部分时期内，技术的发展主要依赖于经验的积累，只是近几百年来才日益体现科学原理的指导作用。作为文化系统一个子系统的技术，可以区分为操作物的自然技术、操作人治行为的社会技术和操作概念的思维技术。技术系统中这三个子系统的关系结构，可以看做一个“技术三角形”。自然技术、社会技术和思维技术也各有其结构。自然技术由物质变化、能量转换和信息控制三类基本技术组成，社会技术由组织、交易和学习三类基本技术组成，思维技术由语言文字、逻辑推理和数学计算三类基本技术组成。技术系统的终极目标和主要功能在于“效率”。

(2) 制度系统

制度作为人类社会组织形式,在人类文明的进程中不断演进。作为文化系统一个子系统的制度,可以区分为政治制度、经济制度和社团制度三类基本制度。如果以人体作比喻,政治制度好比大脑,经济制度好比心脏,社团制度好比免疫系统,它们相互联系而又彼此独立地运行着。制度系统中这三个子系统的关系结构,可以看做一个"制度三角形"。政治、经济和社团也各有其结构,例如社团可以区分为宗教、学会两类基本组织。制度系统的终极目标和主要功能在于"公正"。

(3) 观念系统

人类观念的产生必定在文字发明之前,对于这种史前时期观念的考察是相当困难的。作为文化系统一个子系统的观念,进入文明时代的观念,可大体区分为信仰观念、理性观念和价值观念。观念系统中这三个子系统的关系结构,可以看做一个"观念三角形"。对于观念文化的三个子系统我们还可以继续分,信仰可以区分为神圣信仰、规律信仰和生命信仰,理性区分为逻辑理性、数学理性和实验理性,价值区分为道德价值、功利价值和审美价值。观念的终极目标和主要功能在于"创意"。

2. 文化系统的演化规律

文化系统内部各子系统之间相互作用的变异,通过作为文化系统唯一外环境之自然界的选择，往往表现为某个子系统主导整个文化系统。全部人类文明史的进程表明，作为人类生存方式的文化系统的演化，经历了技术主导文化系统和制度主导文化系统两个时期，它们大体对应于农业文明和工业文明。当代世界正在走向观念主导文化系统的时期，它将表现为一种新的文明——以科学技术产业为其特征的科业文明。

(1)“挑战—应战”机制

美国人类学家摩尔根(Lewis Henry Morgan,1818—1881)在其著作《古代社会》(1877)中，把人类社会的进化区分为蒙昧、野蛮和文明三个阶段。蒙昧时代经历了几十万年，野蛮时代经历了几万年，而文明时代迄今还只有几千年。关于人类文明的产生和发展问题，英国历史学家汤因比(Alnold Joseph Toynbee,1889—1975)提出文明起源的“挑战和应战”机制。不利的自然环境和文化环境有时会构成对生存的“挑战”，因而人们不得不发挥其潜在的创造力而做出某种“应战”，诸多文明就在这种挑战和应战中产生和发展。汤因比强调的是来自自然界的挑战作用，而来自文化的挑战作用则为另一位历史学家所强调。

(2)“文化融合”说

英国历史学家威尔斯(Herbert George Wells,1866—1946)认为文明的演化根源于文化的冲突和融合，并比较明确地描述了游牧文化与农耕文化的冲突和融合是如何创造了工业文明。在人类进入工业文明以后,人类社会的主要冲突是工商文化对农耕文化的进犯。依据文化融合说和工业文明生成的历史经验,未来新文明将在工商文化与农耕文化的冲突和融合中产生。但百余年来超越工业文明的诸多理论尝试,似乎都没有以农耕文化和工商文化的融合作为出发点,这或许是计划经济的社会主义运动失败的原因之一。中国传统文化是农业文明时期农耕文化的典型,它应该作为在创造科业文明中与工商文化并存竞争的文化因素加以关注。

(3) 社会中轴的转换

文化的演化还表现为维系社会之抽象力的更替,道德、权势、经济、智慧和情感是维系文化系统的五种基本力量,它们之间相互作用的结果往往使其中的一种成为支配和决定社会性质的主导力量,好似前进着的历史车轮的“中轴”。从一种社会到另一种社会的转变就是社会中轴转换的结果,它不仅表现为支配力量的更替,也表现为前支配力量的扩散,人类社会进步的本质就是德性、权力、财产、知识和情感的不断扩散和完善的过程。人类社会的发展已经经历了原始时代的道德社会、农业文明时代的权势社会和工业文明时代的经济社会,随着当代科学技术的飞速发展,正在走向科技文明时代的智力社会,最终进入人类的理想社会——情感社会。

3. 科学文化传统的演变

科学是一种知识体系，是一种社会体制，是一种认识方法。作为知识系统的科学属于观念文化中的“理性观念”，作为社会体制的科学属于制度文化中的“社团制度”，而作为认识方法的科学属于技术文化中的“思维技术”。文化系统中的科学，在其直接环境和间接环境的选择下，学科结构、科学思想和研究模式都一直在变化着。

(1) 学科结构的变化

自然科学是从分科研究起步的，并且一直在分化与整合的交叉中发展。传统学科的划分基于研究对象和研究方法，跨学科研究和学科交叉淡化了学科的观念，不同层次的自然系统研究正在成为新的研究方式。学科交叉由科学的内在逻辑延伸和外在影响两种因素推动，不同层次的自然系统研究成为学科交叉的主要领域，并逐渐形成综合性的交叉科学(原子分子科学、地球科学、生命科学和纳米科学等)。当代自然科学可大体区分为三大理论体系，即物理科学、生命科学和思维科学。它们各自有自己表述规律的基本范畴体系，而彼此之间却尚未通过实验定律和概念逻辑建立起可靠的联系。

(2) 科学思想的变化

20世纪下半叶以来，科学思想的三大转向，即物质论转向信息论、构成论转向生成论和公理论转向模型论。科学的本质在于认识物质、能量和信息，从20世纪下半叶开始，科学的兴趣中心从物质和能量转移到信息上来，生命科学和思维科学已经建立了它们的信息基础，物理科学也开始努力寻找其信息基础。构成论和生成论是理解“变化”的两种不同的思维方式，前者将其理解为不变要素的分解和结合，后者将其理解为产生和消灭或者转化，量子场论的成功表明生成论将取代构成论。公理论和模型论是构造科学理论的两种同样有效的方式，前者把理论看做公理和定理组成的演绎系统，而后者把理论看做一簇与经验同构的模型，长期被科学家视为理想的公理化理想，由于哥德尔不完全定理而动摇，模型论取代公理论的时代开始到来。

(3) 研究模式的变化

在科学的当代演变中，一种新的科学类型正在形成，与传统理解的科学相比，未来的新科学可能有四个极为重要的观念特征。第一，传统理解的科学主张科学只是揭示那些能由任何科学探索者重复的知识，而科学的新类型则把不可再现的行为视为科学探索的重要对象。第二，传统理解的科学把科学的社会运用问题视为科学之外的社会问题，而科学的新类型则把它包括在科学探索的过程之中。第三，传统理解的科学忽视价值因素，而科学的新类型则必须考虑价值因素，因而使科学理性除了逻辑理性、数学理性和实验理性以外，又增加了价值理性。第四，传统理解的科学知识系统是不关涉其自身的，而科学的新类型的知识系统则要求有这种自反性。

二、世界科学技术发展史

在各文明圈内不同的自然条件和文化背景下产生和发展的科学技术，通过传播和交流推动着整个人类文明的进步。在科学和技术推动下的人类社会的发展，大体上经历了农业文明和工业文明两个时代，当今世界正处在向以高技术产业为标志的科业文明转变的关键时期。

1. 农业文明时代的科学技术

在蒙昧时代，人类发明了制造石器、摩擦取火和简单编织技术；在野蛮时代，人类发明了语言、弓箭和制陶，但人类的基本生存方式未发生变化。耕牧、纺织、建筑、车船、冶金和文字等伟大的技术发明，从根本上改变了人类对自然的寄生关系，作为支撑技术，为农业文明的发展奠定了基础，为向工业文明过渡准备了条件。

(1) 文明摇篮的科技萌芽

公元前60世纪以来，在世界各地逐渐形成了许多古代农业社会中心。在公元前35世纪至公元前15世纪期间，以城市兴起为标志的诸古文明相继进入兴盛时期。这些早期的城市文明一直到公元前6世纪大体多属于青铜文化的前古典王国文明时期，其中最著名的是西亚两河流域的古巴比伦文明、北非尼罗河流域的古埃及文明、南亚印度河和恒河流域的古印度文明、东亚黄河和长江流域的古代中国文明。作为文明的摇篮，它们被誉为四大文明古国。这些独立发展起来的文明被誉为人类文明的四大摇篮，在这里孕育了科学的萌芽。

(2) 古典文明的科技传承

大约公元前6世纪前后，在印度、中国和希腊首先产生了哲学理性，形成了三足鼎立的文明中心。古希腊人和古中国人的贡献奠定了欧亚大陆文明的东西方格局，但只有希腊文明成为现代科学的直接源头。希腊文明对于科学的贡献主要在于，为现代科学的发展奠定了构成论的科学方法论基础和开创了公理化的理论模式。中国文明的主要贡献是以造纸术、印刷术、火药和指南针为代表的诸多技术发明。阿拉伯文明和欧洲文明先后承担了东西方文化交流的历史重任，完成了科学从古代到现代的传承。中国人郑和(1371—1435)下西洋(1405—1431)和葡萄牙人麦哲伦(Fernão de Magalhães, 1480—1521)环球航行(1519)等航海活动，为工业文明的兴起开辟了海上通道。

(3) 农业文明的金属革命

在整个农业文明时代的诸多技术发明中,金属的发现、冶炼、加工和使用在提高农业生产力方面起了关键的作用。铜、青铜(铜锡合金)、铁和钢的出现,导致了金属工具替代石制工具。维持一个人的生存,在渔猎和采集时代需要几千亩地,在使用木石农具的刀耕火种时代需要几百亩地,而到铁犁牛耕时代则只需要几亩地。世界上最早使用金属的地区是西亚,而中国则后来居上成为冶金主角。到公元前30世纪,西亚、埃及和印度已进入青铜时代;公元前15世纪,西亚地区开始炼铁;公元前10世纪,铁的使用扩大到地中海沿岸地区;到公元前5世纪,欧亚大陆的东西两端也普遍使用了铁器并且开始炼钢。如果说青铜的使用标志着原始社会的解体和奴隶制社会诞生,那么铁器的普遍使用则标志着奴隶制社会的解体和封建制社会的诞生。

2. 工业文明时代的科学技术

在15世纪至16世纪,欧亚大陆上的几个大国其实力大体不相上下,并且都处于大致相同的阶段,唯独欧洲国家体系具备率先进入工业文明的条件。15世纪前后发轫的文艺复兴、16世纪前后开始的宗教改革和17世纪前后兴盛的科学革命是开启欧洲现代社会的三大潮流。文艺复兴复活了古希腊科学,在理论思维和工匠

实践的相互作用中形成了新的科学范式。新科学范式及其哲学思想的传播，导致英国的产业革命、法国的政治革命和德国的哲学革命，使18世纪成为人类理性化的伟大世纪，并且为19世纪科学技术的惊人发展创造了经济的、社会的和思想的条件。

(1) 科学与人文的相互影响

在文艺复兴和自然主义影响下的科学革命，其标志性的科学成果和哲学成果分别是牛顿(1642—1727)的《自然哲学的数学原理》(1687)和洛克(1632—1704)的《人类理智论》(1690)。它们体现了科学与人文的互动，确立了科学与技术结合的原理和方法，为科学和技术的继续发展和人类文明的进步奠定了基础。科学革命是一场深刻的思想革命，不仅冲击了神学世界观和改变了哲学家解释世界的基础，而且也影响了经济学家和文学家的想象。法国人把解放自然力的工业革命精神推广到社会实践中，从民族解放到自我解放，自然之火和理性之光点燃了政治大革命。受法国大革命冲击的德国所发生的哲学革命，为科学在德国的新发展奠定了哲学基础。

(2) 科学与技术的相互作用

蒸汽机与热力学的关系、电子学与电机的关系和化学与化学工业的关系，都表现了科学与技术的相互作用。当凭经验发明的蒸汽机被广泛用作工业的主要原动机时，如何提高热机的效率问题被提到日程，正是这种理论探讨促成了热力学和统计力学的诞生。而电磁学与电机的关系则正好相反，在电磁实验基础建立起来的电磁场理论，它直接为电动机和发电机的发明和改进提供了技术原理，而且导致以电磁波为载体的无线电通信。在化学原子论被普遍接受以后，凭经验的化学合成技术有了理论指导，化学合成技术和物理化学技术也随之兴起，整个染料化学合成技术首先迅速发展起来。

(3) 工业文明的能量革命

在农业文明时期，人类凭借经验实现了机械能之间的相互转化和机械能到热能的转变；在工业文明时期，人类借助于科学实现了各种能量的转换。18世纪下半叶，蒸汽机开始成为工业的主要原动机；到19世纪下半叶，电动机又开始加入工业动力行列。热机和电机作为动力机的使用和工厂化生产，一起推动了工业革命，各种机械替代了笨重的体力劳动，人类随之进入了工业文明时代。有了火车、轮船和飞机等交通工具，世界的每一个角落几乎都留下了人类的足迹。在工业时代，农业生产已降至次要地位，因为使用机械耕种只需百分之几的人力从事农业就足以养活所有的人口，同工业相比，农业退居到次要地位。在这场“能量革命”中，热能和机械能之间的相互转化、电能和机械能之间的相互转换是主导技术群中的核心技术。

3. 开拓科业文明的科学技术

在20世纪的物理学革命中诞生的相对论和量子力学，成为人类认识自然的新研究纲领。在新研究纲领指导下完成的物质结构的夸克模型、宇宙演化的大爆炸模型、地壳运动的板块模型、遗传物质核酸分子的双螺旋结构模型和认知活动的图灵计算模型等，在自然系统的不同层次上刷新了人类认识的科学图像。这不仅丰富和加深了人类对种种自然现象的理解，而且为火箭发动机、核反应堆、电子计算机、激光器和生物芯片等划时代的关键技术发明提供了科学原理。以信息技术为核心的新技术体系正在推进新的产业革命，社会学家们赋予了它后工业文明、超工业文明和科业文明等不同的名称。从高技术产业兴起的现实考虑，人们明智地将未来的文明称之为科业文明。

(1) 以微观说明宏观的纲领

虽然古希腊原子论早就提出了以肉眼看不见的原子解释世界的研究纲领，19世纪的原子论和元素光谱研究进一步使之科学化，但还不能认为是这一纲领的实现。相对论和量子力学使科学真正进入到以微观机制说明宏观过程的水平，物理科学深入到原子核内，生命科学深入到细胞核内，思维科学深入到脑神经元内。物理的、生命的和思维的非线性复杂系统研究逐渐成为科学家们所关注的焦点，微观机制和数学方法越来越成为理解宏观经验不可或缺的基础。向着宏观世界扩展的探索正在逼近宇宙的边缘和时间的原点，物理的、化学的和天文的研究已经融通在为理解宇宙物质进化链条的统一方向之中，最大的和最小的在这里连接起来了。

(2) 科学技术产业化的兴起

20世纪下半叶是基于科学的高技术和高技术产业蓬勃发展的时期，微电子芯片、电脑、网络和生物技术等高技术产业已开始成为促进经济变革和社会进步的先导力量。以电子计算机为标志的信息技术，不仅推动了产业结构的调整和管理体制的变革，而且导致了经济全球化的发展趋势。诸多跨学科理论和大量新技术原理的涌现，既在研究对象和科学方法两个方面拓宽着科学研究的视野，又在某种程度上预示着科学和技术的未来方向。在20世纪下半叶兴起的工业实验室和高技术产业，正在把科学技术引导到产业化发展的道路上。世界各国纷纷效仿硅谷建立科学和高技术园区，包括日本的筑波科学城、法国的安蒂玻利斯科学城、加拿大的蒙特利尔科学城、印度的苏尔加普尔电子科技城、巴西的圣保罗科学院、新加坡的肯特岗园区，以及中国台湾新竹科学工业园区和北京中关村高技术园区。

(3) 科业文明的信息革命

在几千年的农业时代，人类已经发明了文字、纸张和印刷术，它们作为信息载体为人类的思想交流作出了不可磨灭的贡献。20世纪以来的信息革命是以电磁波为载体的信息控制技术，作为信息处理装置的电子计算机的发明是其标志。电子电路集成化、信息处理数字化和信息传输网络化构成了信息技术革命的三部曲。信息作为与物质和能量并行的第三类资源，已经成为信息产业的核心和基础。信息技术的本质在于控制，物理载体、生命载体和心理载体的信息控制是正在兴起的信息革命的基本特征。人类经历了材质时代和能量时代，即以生物和金属为主要材质的农业文明时代和以热能和电能作为主要动力的工业文明时代，正在步入以信息控制为主导的科业文明时代。

三、中国科学技术史

中国科学技术史是中华文明史的一个重要组成部分，是中华民族在其生存环境中认识和利用自然以及协调文明与自然发展的知识积累过程。在人类文明的广泛交流和融合过程中，因为它的传播以及它作为中华文明接受并发展其他文明的基础之一，而成为世界科学技术史的一部分。在整个欧洲中世纪的千余年中，中国在技术方面的整体水平为世界各国所望尘莫及，在从农业文明向工业文明转变的过程中才开始落伍。当现代科学在欧洲形成之后，因历史的挫折而失去现代化机遇的中国科学技术，经过漫长的过渡而在公元20世纪进入了现代科学技术的体制化发展时期。

1. 古代科学技术传统的形成和发展

当今中国境内石器时代的文化遗址表明，采集狩猎活动遗迹遍布中国东北地区北部、内蒙古、新疆和青藏高原，畜牧农耕活动遗迹遍布华北、东北南部、华中和华南，主要农耕区域在土质松软的黄河流域和长江流域，农业文明的文化中心主要形成在黄河流域的中下游。大约在公元前21世纪，中华大地上的文化演进到了文明阶段。经夏（公元前21世纪—前16世纪）、商（公元前16世纪—前11世纪）、周（公元前11—前3世纪）三代的发展，在春秋战国时期（前770—前221年）奠定了科学理性的哲学基础，在秦汉时期（公元前221—公元220年）形成了自己的范式，其后的发展又经历了南北朝、北宋和晚明三次高峰期，由于沿传统方向现代化尝试的失败而转向移植产生自欧洲的科学的道路。

(1) 科学理性哲学基础的奠定

我国在夏代初期就产生了“五行”观念，殷周之际形成了“阴阳”观念，西周末年又产生了“气”的观念。春秋战国时期的理性重建区分了“天道”和“人道”，“仰观天文，俯察地理”的“观察”精神通过《易传》的传播而得以发扬。子产（？—前522）、老子（春秋末年）和孔子（前

551—前 479)先后倡导人道要遵循天道和顺应自然的"则天说",子思(前 483—前 402)和孟子(前 385—前 303)相继阐明了人类要参与并帮助自然演化的"助天说",荀子(约前 325—前 238)提出人类要依据自然规律驾驭自然的"制天说"。遂"人性"和"物理"开始分途而治,"生成论"、"感应论"、"循环论"等宇宙秩序原理亦被提出,为中国传统科学的产生和形成奠定了理性的哲学基础。

(2) 五大学科典范的形成

在秦汉时期的中国,班固(31—91)的"实事求是"精神和王充(17—97)的"实验"思想之发扬,不仅完成了诸如秦陵铜马车、指南车、记里鼓车、手摇纺车、织布机、龙骨水车、风扇车、独轮车、钻井机、候风地动仪等许多重大技术发明,而且以阴阳五行学说和气论为哲学基础形成了数学、天学、地学、农学和医学五大科学范式。大致成书于西汉(公元前 206—公元 23)的《九章算术》、东汉(25—220)张衡(78—139)的《灵宪》和《浑仪注》、东汉班固(32—92)的《汉书·地理志》、西汉末年氾胜之的农书《氾胜之书》和东汉成书的医书《黄帝内经》,作为典范对其后中国传统科学的发展有深远的影响。

(3) 传统科学发展的三次高峰

中国传统科学的积累以其三次高峰展示自己的心路历程和行动轨迹。每一次高峰期都是明星灿烂、巨著迭出，在百年之内出现数名在世界科学技术史上数得着的大家。以魏晋玄学为特征的新道家思想解放运动，催生了公元5世纪中叶到6世纪中叶南北朝时期(420—581)中国传统科学的第一高峰，其代表人物有：祖冲之、张子信、郦道元、贾思勰、陶弘景。在以理学为旗帜的新儒学理性精神的影响下，在公元11世纪的北宋(960—1127)年间，中国传统科学技术达到了其发展的顶峰，其代表人物有：贾宪、苏颂、李诫、王唯一、沈括。在实证实学思想的影响下，在16世纪中叶到17世纪中叶的晚明时期，以综合为特征的一批专著展现了中国传统科学技术的最后一道光彩，其代表人物有：李时珍、朱载堉、徐光启、宋应星、徐弘祖、吴又可。

2. 科学技术从传统到现代的过渡

由于中国传统科学现代化趋势的泯灭，中国现代科学技术主要形成于17世纪欧洲的科学技术在中国的传播和发展，但它也是中华五千年文明的一种承继。

(1) 现代化尝试的失败

中国传统科学技术不仅先后在南北朝时期、北宋时期和晚明时期形成三次高峰，而且还有沿传统方向的三次现代化尝试。第一次伴随中国思想家胡适(1891—1962)所称的宋代“文艺复兴”而发生，主要表现为科学知识的理性化，由于“靖康之变”(1127)而中断，但其强弩之末延续到宋元之际。第二次伴随中国经济史家们所称的明中叶“资本主义萌芽”而发生，主要表现为科学技术的社会化，由于“甲申鼎革”(1644)而夭折。第三次伴随“西学东渐”和乾嘉时期的考据学而发生，主要表现为天文学和数学的复兴，由于“虎门销烟”(1840)而转向，最终以引进西学的方式走向现代化。

(2) 现代转变的三部曲

从明清之际的“西学东渐”到国民政府中央研究院的建立是中国现代科学技术的启蒙期，在这一漫长的时期内基本上完成了从传统到现代的心态转变。这一转变是通过明(1368—1644)、清(1644—1912)之际传教士的科学输入、同治(1856—1875)和光绪(1871—1908)两朝新政时期的科学技术引进和五四新文化运动这“三部曲”而实现的。传教士带来了科学技术的新鲜空气，洋务运动的示范作用造成了引进现代科学技术不可逆转的局面，知识分子的科学文化运动对于扫除妨碍科学技术发展的反科学的文化环境起了重大的历史推动作用。

(3) 儒学与科学的分离

在中国，科学从传统到现代的桥梁是“格致学”，它的兴起和发展是理性主义、功利态度和实证精神融会和升华的结果，而这正是作为连接儒学和科学之纽带的“实学”思想长期发展和积累的结晶。实学作为学术研究的价值取向或哲学态度，可以追溯到汉代，其后实学思想的发展轨迹就是从理性实学到功利实学，再到实证实学。中国读书人在儒家“格物致知”延伸意义上接受产生于欧洲的现代科学技术，在思想上经历了“中西会通”、“西学中源”和“中体西用”的磨炼，逐渐完成了从“格致”到“科学”的转变和现代科学在中国的立足。

3. 现代科学技术体制的形成和发展

经过漫长的现代科学技术启蒙期，由于国民政府中央研究院的建立，中国科学技术事业进入了体制化发展的时期。两个标志性的时间点可将其后的发展大致划分为三个时期。这两个时间节点是：1956年科学技术十二年远景规划的制定和1978年全国科学大会的召开。1928—1956年是现代科学技术在中国的奠基时期，1956—1978年是中国科学技术事业的开拓期。1978年以后，中国科学技术事业走向了以创新为目标的新时期。中国现代科学技术事业的发展一直坚持四个基本目标：发展科学技术专业，以满足国家对各种专门人才的需要；在本土建立研究机构，为科技人员提供从事科学研究和技术发明的场所；解决国防和经济建设的基本问题；与国际同行合作研究，为世界科学技术事业的发展承担义务。

(1) 奠基期的黄金时代

1927年南京国民政府成立后，除了着手收回治外法权、恢复关税自主、废除不平等条约等国家主权的工作外，许多发展经济文化事业的方案也被提了出来。中央研究院(1928)等研究机构的设立，为科学技术事业的进步提供了必要的社会条件。到20世纪30年代，理、工、农、医各科的学系、学会和研究所都建立起来，完成了基础学科的奠基。中华人民共和国建立后，开始有计划地发展经济和科学文化事业，通过建立中国科学院(1949)、高等学校的院系调整(1952)和国民经济建设的第一个五年计划(1953)的实施，由于科学研究、科学技术教育和经济产业之间有计划的配合，中国科学技术事业的发展获得了历史上前所未有的有利条件。在技术领域，材料、能源和制造等技术部门已能适当配套，中国工程技术专家的设计制造和施工能力大为提高，一个大体配套的现代工业技术体系已经形成。

(2) 开拓期的英雄时代

十二年科学远景规划把第二次世界大战以来的新科学技术都涵盖其中，它的提前完成(1963)增强了开拓中国科学技术事业的信心。处在外部封锁和内部动乱的极端困难的条件下的中国，不仅成功地实现了原子弹爆炸、导弹发射成功和人造地球卫星上天，而且还有诸如哥德巴赫猜想证明、牛胰岛素结晶合成、酵母丙氨酸转移、核糖核酸合成等理论意义的研究成果和陆相生油理论指导油田开发等应用研究成果。这一时期的中国科学家和工程师们，经受了思想改造的困惑、反右扩大化的伤害、三年自然灾害的困苦、前苏联反目的艰难以及“文化大革命”的动乱，以其坚忍不拔的毅力和崇高的民族责任感实现了国家和人民的宏愿。这一艰苦奋斗的时期成为中国科学事业开拓者们的英雄时代。

(3) 创新期的希望时代

在中华人民共和国成立后的20多年里，由于国家安全受到严重威胁，国防需要是科学技术发展的主要动力。从1984年开始，中国科技界进入了改革开放发展的探索时期，将主要力量投入到国民经济的主战场，以加快中国科学技术自身发展的步伐，追赶迅速发展的世界科学技术潮流。随着中国经济和社会的稳步发展，科学实验条件得以改善，各个科学学科和技术部门都取得了众多重要成果。在20世纪末确定的“科教兴国”和“可持续发展”两大战略，进一步规范了中国科学技术事业的发展方向。当代中国科学家正在以自己的全部身心建设国家创新体系，以造就一个中国科学技术事业的创新时代。

四、当代科学技术的整体特征

宇宙的历史大约百亿年，人类的历史大约几百万年，而科学的历史还只有几百年。如果我们把历史尺度缩小几百倍,则可以粗略地说,宇宙已经万万岁,人类已经万岁,而科学还只是一岁的婴儿。尽管科学技术已经成为作用社会的重要力量,但它在现代社会里的地位还远未安全可靠,它可能依旧是人类的伟大试验。科学的未来取决于两种价值观的交接与和谐,一种价值观是推动科学发展所必需的价值观,另一种价值观是维持一个社会所必需的价值观。

1. 科技系统的三大结构层次

当代人类科技活动已经形成为一个由科学、技术和工程三个层次组成的系统。它们之间的区分主要在于活动的直接目的、获取知识的方法及性质、所获得知识的特征及其使用不同。在实际的科技和生产活动中,科学、技术和工程的紧密相关性往往使人们将其作为一个整体而论,但从战略高度思考问题时,这种结构层次的区分就成为必要而有益的了。

(1) 科学系统

科学研究活动的追求在于获取有预见力的理论认识。科学研究有基础研究和应用研究的区别,前者追求的是科学知识向前沿崭新领域的扩大,主要是各种新现象及其内在运动规律的发现和外部条件的确定,而后者追求的是在具体实践过程中运用已知基本规律,发现或认识有关的现象,掌握其规律以达到某种目的的方法和知识。两者的关系犹如水跟鱼的关系,没有基础研究就不可能有深入的应用研究,同时,应用研究不断地向基础研究提出新的研究课题。科学的本质在于科学理论的预见能力,只有理论预见为后来的实践所证实,这种理论才能成为科学的真理。科学理论的预见能力来自理论的两个方面:一是理论的内容正确地反映了事物运动的客观规律,二是理论的逻辑结构具有推理的功能。

(2) 技术系统

技术表现为人类对自然的利用和控制手段,它的任务不在于揭示现象的规律,而在于创造未有的事物和新的生产手段。技术作为人对自然之能动性的表现,其本质在于延伸人的自然肢体和活动器官,放大人的劳动器官、感觉器官和思维器官的功能。现实的技术总是在特定的文明背景下形成的具有时代特征的社会技术体系。任何时代的技术体系都是由基本技术、生产技术和产业技术三个层次构成的,基本技术由物质变化技术、能量转换技术和信息控制技术构成,任何一项生产技术都是基本技术的某种组合,而产业技术则表现为在生产活动中主导技术群的形成。主导技术群的更替是技术革命的标志,而技术革命又进而导致产业革命,所以主导技术群是技术体系时代特征的标志。

(3) 工程系统

工程比技术有更明确的经济和社会目标,综合运用科学原理和技术手段建造人工系统。"工程"最初指称的只是军事防御工事,其后延伸到土木建筑。随着工业化进展而来的人类改造自然活动范围的扩大,它的内涵和外延都渐渐地扩大到包括一切有组织、有目的的大规模的人类活动。一切工程系统都是人为的,都要考虑社会需要、经济核算、自然资源的消耗、保护和持续利用,以及对生态环境和社会发展的长期影响。在方法上则有优化设计的系统工程、技术与经济相结合的价值分析,以及追求人和人工系统协调整体效率的工效学等诸多工程实践理论。因此,工程既具有自然属性又具有社会属性,它以人的体外进化的形式作为自然进化的延续。

2. 科学活动的三种模式

科学是一个始终伴随着技术进步和社会变革而发展和变化着的文化形式。科学活动的模式发生了从"学院科学"向"后学院科学"的转变。当今的科学活动模式是学院模式、国家模式和企业模式叠加并存,并且在整体上表现出集体化、官僚化和产业化的新特征。

(1) 学院科学传统

学院科学始于17世纪的科学革命,形成于19世纪上半叶的西欧,并继而扩散到全世界,甚至在最不发达的贫穷国家也得到了培育。作为一种社会建制,它是由特殊的行为规范维系的,这些规范是作为传统而不是作为道德准则，最终以一种精神气质纳入个体科学家的“科学良心”。学院科学活动养成的行为规范，被美国科学社会学家默顿(Robert King Merton,1910—)总结归纳为普适标准、公有主义、无偏态度和怀疑精神四大要素。“普适标准”要求对于未被经验确证的科学假说的接受与拒斥都只依其是否与观察和已被证实的知识相一致这一标准；“公有主义”要求作为社会协作产物的科学发现应由社会全体成员分享；“无偏态度”要求科学家在涉及科学证实问题时要诚实而不带崇拜、宗派、政治等偏见；“怀疑精神”要求科学探索不受其他社会规范的约束。

(2) 国家科学模式

科学与国家之间更密切的关系，直接源于第一次世界大战期间各参战国的科学动员。英国设立了“科学工业研究局”，美国组建了“国家研究评议会”。在第二次世界大战期间的科学动员更广泛，英国于1934年组建防空科学调查委员会，美国于1940年建立国防研究委员会，并在第二年设立了科学研究开发署。在第二次世界大战后的冷战时期，国防研究开发的费用在各国政府的预算中仍占相当大的份额，全世界一半以上的科学家和工程师在直接或间接地从事武器的研究和制造，并且科学家在政府的有关机构中起着重要作用。在后冷战时期，科学与政府的关系不仅在国防方面，而且在工业和经济方面也更加紧密了。科学技术成为综合国力和国际竞争力的最重要因素,科学研究需要国家安排并为国家的政策所左右。

(3) 产业科学模式

虽然基督教传教士在殖民地的科学活动就曾有为商业利益服务的成分,但产业科学模式的直接源头是工业实验室。从19世纪下半叶开始,一方面,一些发明家变成了企业家;另一方面,一些企业家为了商业利益而投资研究开发。随着发明家转变成企业家,企业实验室不知不觉地形成了。早期的企业实验室是由英国物理学家汤姆孙(W. Thomson,1824—1907)、德国发明家西门子(W. von Siemens,1816—1892)、美国发明家爱迪生(T. A. Edison,1847—1931)和贝尔(A. Bell,1847—1922)等人建立的。企业研究实验室兴起于德国的化学工业领域,在大批化学家被招聘到工厂的同时,大学也把科学家派往企业,并在那里设立研究部和技术开发部。企业实验室作为一种与学院科学不同的科学活动模式,在20世纪60年代以后的发展中日益明朗起来。

3. 科学技术的社会目标

现在已经到了人类对自己干扰自然界的行为重新认识和采取行动的时候了,从地球的消极和积极的反馈中了解自然界对人类及其活动的承受限度,确定人类对自然界活动的准则，并科学地、完整地回答和解决维护生物圈和整个地球环境的途径和方法，使自然界朝着有利于生物圈和人类社会的方向发展。正是这种规定了当代工程的发展方向，追求可持续发展、保护环境安全和扩展生存空间成为其主要社会目标。

(1) 追求可持续发展

既满足当前的需要又不危及子孙后代生存利益的“可持续发展”概念已为世界各国广泛接受。为了合理地规划人类的活动，以使社会与自然协调发展，已经形成了庞大的国际研究计划并达成了一些政府间的公约和协议。例如气候框架公约、保护臭氧层公约、21世纪议程和由于执行“全球变化研究计划”的结果而出台的关于减少污染和保护生态环境的一系列公约或国际准则，都有限制污染源、限制排放二氧化碳、限制使用氟利昂乃至限制开发和生产活动的具体规定，以便全球气候和环境在可容忍的范围内变化。

(2) 保护环境安全

在人类的生存环境日益恶化的严重挑战面前，如何保证环境安全成为全人类的共同任务。国际科学界提出了“全球变化”的课题，以预测未来的变化趋势，协调社会发展与生存环境的关系。这种研究就其科学内容而言，已经远远超出了传统学科的范围，“自然系统”作为一个新的科学概念被提出来，并且不同等级的自然系统已经成为基于不同目标的研究对象。作为国际科学前沿领域之一的全球变化研究,已经设计了三个彼此独立而又相互联系的重大国际计划:世界气候计划(WCRP),主要研究与全球气候有关的物理过程;国际地圈—生物圈计划(IGBP),主要研究与全球环境变化有关的生物地球化学过程及其与物理过程的相互作用;全球变化的人类影响(HDP),主要研究人与环境的关系。

(3) 扩展生存空间

人类自诞生以来主要是生活在地球的陆地上,而且是生活在自然条件比较适宜的地区。对于地下、海洋和天空那么广阔的领域,人类一向怀着敬畏的心情。虽然几千年来进行过无数次的探险,特别是近百余年来也获得了许多科学的认识,多少也算利用了它们的一些资源,但总的来说还是涉足太少。但是,近几十年来人类已经感受到人口的压力,感受到资源的不足,感受到生存环境的狭小,扩展人类生存环境的欲望与日俱增。由于科学技术的飞速进步,人类的这种扩展生存环境的野心和雄心,正在一步一步地进行着。进入地下、重返海洋、飞离地球,已成为扩展人类生存空间的三大方向。

科学文化与人文文化的交融是时代发展的必然趋势

杨叔子

【作者简介】杨叔子，华中理工大学教授，机械工程专家。1933年9月5日生于江西湖口。1956年毕业于华中工学院。1991年当选为中国科学院学部委员（院士）。

杨叔子立足于机械工程，致力于机械工程与有关新兴学科的交叉，着重在机械工程中的信息技术与智能技术，拓宽了机械工程学科的研究领域。在精密机械加工与机械加工自动化方面，发展了切削振动理论与误差补偿技术，研制出切削监控系统，解决了生产中重大关键问题。在机械设备诊断理

论与实践方面，建立了一套概念体系，发展了诊断模型与策略，研制出不解体的发动机诊断系统，发展了钢丝绳无损检测理论与技术，解决了国际上断丝定量检测难题。在时序分析的应用基础与工程应用上，结合系统理论与数据处理技术，发展了某些理论与方法，对时序分析的工程应用起了一定的推动作用。

“当今世界，科学技术突飞猛进，知识经济初见端倪，国力竞争日趋激烈。”这是江泽民同志1998年在一次讲话中的精辟论述。国力竞争之所以激烈，就是由于科学技术突飞猛进，知识经济初见端倪；而知识经济之所以初见端倪，是由于科学技术突飞猛进。归根结底，当今时代发展的关键就是由于科学技术突飞猛进。2001年，江泽民同志在“七一”讲话中深刻地指出：“科学技术是第一生产力，而且是先进生产力的集中体现。科学技术的突飞猛进，给世界生产力和人类社会的发展带来了极大的推动。”众所周知，基础研究是科学之本与技术之源，技术的重大进展直接来自基础科学的进展，亦即来自科学文化的进展。

“祸兮，福之所倚；福兮，祸之所伏。”这是客观世界的辩证法。科学技术是一把双刃剑，既能赐福于民，也可造祸于民，问题在于人类如何去认识、去把握。两三百年来，科技给人类带来了高度发达的物质文明，同时也导致了一系列极为严重的环境问题、资源问题、社会问题与精神问题及科技本身发展问题。而且，科技发展的速度正越来越快，科技成果的作用也越来越大，由此带来的问题也越来越严重。美国未来学者约翰·奈斯比特在1999年出版的《高科技·高思维——科技与人性意义的追寻》一书中忧虑此事。2000年，他在此书的中文版序中明确指出，科技“给人们送来神奇的创新，然而也带来了具有潜在毁灭性的后果”。怎么办？他坚定地认为要作人性思索，要呼吁人性。而人性、责任感也正是1999年6月“世界科学大会”所最关注的问题。奈斯比特呼吁：“我们是谁？我们应该成为什么样的人？我们应该怎样去实现？”我们应该成为什么样的人？至少有三点：一是要有高度的人性的结合，会高度地对社会负责；二是要有高度的灵性，能高智力地预知与控制科技成果的后效；三是要有高度的人性与灵性的结合，能“魔高一尺，道高一丈”，以更高的科技手段去制止坏人利用高科技去干坏事。这就需要科学文化与人文文化的交融，需要科学教育与人文教育的交融，需要人性与灵性的交融来实现。

人之所以为人，因为人有人特有的人性，人还有人特有的灵性，更有人性与灵性交融而升华成的精神境界。人性的开发与培育，主要靠人文教育；灵性的开发与培育，既要靠科学教育，也要靠人文教育。教育主要是文化教育，科学教育主要是科学文化教育，人文教育主要是人文文化教育。

科学文化是关于客观世界的，它所追求的目标主要是研究、认识与掌握客观事物及其本质与规律的东西，是求真，简而言之，就是“是什么”。科学文化是“立世之基”，一切违背客观实际及其本质与规律的认识与活动，必然走向失败与覆灭。然而，科学文化本身不能保证科技发展的正确方向，能造福于人，有利于社会，而引导这一发展方向的则是人文文化。人文文化是关于精神世界的，它所追求的目标主要是满足人的精神需要，满足个人需要与社会需要的终极关怀，是求善，简而言之，就是“应该是什么”。人文文化是“为人之本”，一切危害人与社会的认识与活动，必须制止与消除。然而，人文文化本身也不能保证其发展的基础正确，能造福于人，有利于社会，保证这一基础正确的是科学文化。此即，人文为科学导向，科学为人文奠基；善为真导向，真为善奠基；科学文化与人文文化的主要关系即如此。

人文文化是“为人之本”。教育，首先是教我们如何做人，是要有责任感的，要培育人性，健全情感，完善人格。荀子讲得对：“君子之学也，以美其身；小人之学也，以为禽犊。”正因为如此，人文文化至少严重关系到以下七个方面。

第一，民族的存亡。民族主要是人文文化的概念，而非“基因”的概念。英国著名哲学家罗素说，中国，与其说是一个政治实体，不如说是至今唯一幸存的古老的文明实体。罗素讲了一个事实——只有中国、中华民族、中华民族文化，经历了人类五千多年文明史的风风雨雨，不仅没有消灭，也从未中断，而且还在不断地向前发展。这表明，中华民族文化蕴涵有深刻的、普适的、永恒的哲理，以这种文化作为民族脊梁的民族精神是无穷活力的源泉，以这种精神凝聚起来的中华民族具有不可压倒、不能战胜的强大生命力。江泽民同志在哈佛大学演讲中所提出的而在党的十六大报告中进一步发展的论断多么深刻与概括："中华民族形成了以爱国主义为核心的团结统一、爱好和平、勤劳勇敢、自强不息的伟大民族精神。"爱国主义正是中华文化哲理中的整体思想在价值观、人生观方面的集中体现，国重于家，家重于己，格、致、诚、正、修，为的是齐、治、平，"天下兴亡，匹夫有责"。当然，这也蕴涵着"协和万邦"、"四海兄弟"的人际关系。这支持着中华民族顽强地走过五千多年的风雨征程。可以说，民族的人文文化，即民族文化，决定着一个民族的存亡。

第二，国家的强弱。国家强弱取决于综合国力的强弱。江泽民同志说过，这主要包含三个因素——经济实力、军事实力、民族凝聚力，其中最重要的是民族凝聚力。"天时不如地利，地利不如人和。"民族凝聚力是人和，其核心是对民族文化的认同；无此，就无民族凝聚力可言。

第三，社会的进退。社会的进步是全面的进步，既包括物质文明方面的进步，又包括精神文明方面的进步。一个社会没有物质文明的进步，没有科学技术的发展，就是野蛮、愚昧、落后；没有精神文明的进步，没有人文文化的发展，就是卑鄙、无耻、下流。但是，如果有了高度发达的物质文明、科学技术，而没有精神文明、人文文化，就是大灾难！

第四，人格的高低。人格是度量人性、情感、做人的尺子。一个人的品质或思想素质，可分为三个层次：最基础的是人格，中层是法纪观念，顶层是政治方向。坚定正确的政治方向绝对是第一位的，统领一切；方向一错，全盘皆错。但是，一个人的品质或思想素质的基础是人格。没有人格，就不可能有真正的遵纪守法，就不可能有正确的政治方向；没有人格，就丧失了人应有的一切。人性贵于灵性，情感重于智力，做人先于做事。这对于青少年，特别是对于少年儿童来说，尤为重要。"幼而学，长而行"；苗不好，成什么材？固然，做人往往通过做事来体现；但是，做事更要做人来引导，来保证。《资治通鉴》早已明确提出："才者，德之资也；德者，才之帅也。"我们应深知，人文文化基本决定着一个人的人格，而人格的影响是巨大的。

第五，涵养的深浅。一个人的涵养，主要指人文文化的涵养。李岚清同志于2002年3月在一次讲话中强调指出：可以断言，一个人要成就伟大的事业，没有足够的人文底蕴是绝对不行的。人文涵养，包括言行的文野、度量的大小、见识的远近、待人的厚薄等等，它为事业奠基。苏轼有两篇文章写得很深刻，这两篇文章是《贾谊论》与《留侯论》，前者论贾谊，后者论张良。两人都很有才华，但贾谊失败了，张良成功了，因为贾谊“志大而量小，才有余而识不足”，张良则志大量大，才足识足，“有过人之节”。如此事例，不胜枚举。

第六，思维的智慧。美国科学家斯佩里因为研究人的大脑有重大突破和创新，于1982年获诺贝尔奖。他发现左脑功能主要同科技活动有关，同严密的逻辑思维有关；右脑功能主要同文艺活动有关，同开放的形象思维、直觉、灵感、顿悟有关，其记忆量是左脑的100万倍。因此，我们主要应开发右脑，而文艺的主要作用就是开发右脑。日本学者春山茂雄认为，左脑是个人脑，右脑是祖先脑，人类大脑进化500万年的精华都在右脑，人的重大决策几乎全由右脑最后做出。因此，要有高超的思维能力、丰富的想象力、强大的创造力，一定要重视人文文化，重视右脑的开发。右脑是原创性创新的源泉。但两脑相互联系，用其一废其二，不仅其二废，其一也不会好。

第七，事业的成败。人文文化主要有两大作用：一是陶冶情感，提升精神境界，这几乎决定着人性；二是活跃思维，开拓原创性创新源泉，这严重关系着灵性。我们一般所讲的非智力因素或情商，实际上是人文文化素质的体现，它对一个人事业的成败起了主要作用。其实，对一个集体、一个社会、一个国家而言，也是如此！

当然，这绝不是说，科学文化不重要。科学文化异常重要，是“立世之基”。无科技发展，就无社会进步；无现代科技，就无现代文明；科技落后就是衰弱，科技落后就要挨打。一种文化至少包含四个方面：知识、思维、方法与精神。人文知识是人文文化的载体，是精神世界的基础；人文思维是人之所以为人的关键，是人文文化发展的支撑；人文方法是人文知识、人文思维之所以得以实现的手段；而人文精神则是人文文化的精髓，是求善而止于至善的境界，并推动着人文知识、人文思维与人文方法等的发展。

对于科学文化而言，第一，科技知识是反映客观世界及其规律的东西，是一元的；正因为如此，所以是普适的，是生产力发展的源泉，而生产力是社会进步的动力。人类没有发现、发明、创造，社会就不能前进。科技落后，就要挨打。第二，科学思维主要是逻辑思维，这是正确思维的基础。第三，科学方法主要是实证方法，这是事业成功的前提。一切反实证的，必然导致失败。爱因斯坦在20世纪50年代曾说过，西方科技之所以比中国发展得快，在于有系统的逻辑思维与严密的实证方法。清末民初，严复已有类似的认识。第四，科学精神则是科学文化的精髓，并推动着科学知识、科学思维、科学方法等的发展。科学精神就是求真务实的人文精神，因为精神本身就是人文的。一切反科学精神的东西，必然是反客观世界及其规律的东西，必然是没有任何好下场的。我们要高度重视科学技术。联合国秘书长安南于2004年2月13日在《科学》杂志上撰文《让科学服务于所有国家》中指出："我们怎样才能在信息经济时代促进发展？我们怎样才能防止全球和地区性环境破坏？什么才是利用有益的新技术、制止恐怖主义和对较快传播的疾病做出快速反应的最好办法？今天，为解决这些问题，每个想制定合理政策和采取有效措施的国家都必须依赖于它自己的科技能力。"安南此文是为国际科学院委员会(IAC)提出的报告《创造更加美好的未来——在世界范围内培养科技能力的战略》而写的"序"。

我们必须指出，尽管科学文化与人文文化两者不同，但绝非水火不容。两者同源、共生、互通、互补、互融，两者及其延伸则不可分割地构成了人类文化整体。《华严金狮子章》中有一段话讲得对："狮子是总相，五根差别是别相；共从一缘起是同相，眼耳等不相滥是异相；诸根合会有狮子是成相，诸根各住其位是坏相。"而且诸根之中，相互包含，你中有我，我中有你。如果将狮子比喻为人类文化，那么合会成狮子的诸根就是科学文化与人文文化及其各种的延伸罢了。

科学文化与人文文化同源于实践，同源于人脑，同源于人脑对客观世界中实践的反映以及对反映的加工。正因为如此，两者既源于实践，又高于实践，不仅共生，而且互通，即：第一，两者都承认客观实际；第二，两者都提炼客观实际的本质；第三，两者都追索客观实际规律。此即既求实，又求是。同样，也因为两者既源于人脑对实践的反映，又源于人脑对此反映的加工，从而不仅共生，而且又互通，即：第一，两者都与精神世界不可分割；第二，两者都是精神世界所需形成的产品。此即既求实，又求善。十分清楚，无论是严肃的科学技术工作者，还是严肃的文学艺术工作者，或者其他领域的严肃的工作者，凡要取得伟大的成就，作出卓越的贡献，概莫能外。一切脱离实际的“成果”，一切闭门造车的“作品”，一切不经艰苦劳动而粗制滥造的“产品”，不但是无源之水，无本之木，而且绝对不是什么好的东西。

正因为如此，科学文化中的知识、思维、方法、精神是一体的；正因为科学文化是关于客观世界的文化，从而科学的求真精神贯穿科学文化始终。求真，力求反映客观世界的知识才可能是一元的；求真，思维才要求合于逻辑，以保证结果正确；求真，方法才敢于面向实际，才能依赖实证，才能保证思维逻辑与知识一元。同样，正因为如此，人文文化中的知识、思维、方法、精神也是一体的；又正因为人文文化是关于精神世界的文化，从而人文的求善精神贯穿人文文化始终。一旦涉及价值判断，求善，在不同条件下，知识往往是多元的；求善，思维往往不拘一格、纵横奔放，往往依赖直觉、灵感、顿悟与形象思维方式，以达到其价值判断的结果；求善，方法

往往是体验的，以自身精神世界的体验来判断思维与工作结果的价值。

正因为所有文化，均源于实践，就往往不可能不体现客观实际的真实与一元；又正因为所有文化，均源于人脑，源于人对客观实际的认识，就往往不可能不体现精神世界的多样性。此即，科学文化中含有人文文化，人文文化中含有科学文化。科学知识是人对客观实际及其规律的认识，不一定等于客观实际及其规律。因此，前一时期认为是正确的结论到后一时期就可能受到否定，再到更后一时期，又可能出现否定的否定；还有，“公理”就是“就是如此”、“不证自明”，这就是没有论证的，就是体悟的、直觉的，其本质就是人文的。科学思维，固然大量成分是系统的逻辑思维；然而，导致原创性突破的，往往是直觉、灵感、顿悟、形象思维。与此相应，科学方法，固然大量成分是严密的实证方法，但在导致重大成果时，往往靠体验。同样，只要涉及客观实际而不关乎价值判断时，人文知识就是一元的；人文思维在高度重视直觉、灵感、顿悟与形象思维时，也十分关注严密、精练、系统、层次、呼应，即关注逻辑。具有说服力的作品莫不具有强有力的逻辑。人文方法，当然也重视实证，“读万卷书，行万里路”，“事不目见耳闻，而臆断其有无，可乎？”至于精神，当然是人文的，而且伟大的科学家莫不追求崇高的品德，追求善；伟大的文艺家，莫不反映深刻的实际,追求真。

显然,科学文化与人文文化的关系有三层。基层,即形而下的一层,是实践,是大脑对实践的反映,两者完全一致。中层,即知识层,包括思维、方法等在内,这就是作为科学文化与人文文化存在的形式这一层,两者互异。正是这种互异及其特点,差于形态,异于功能,才将文化划分成种种不同的形态。然而,如上所述,两者之中,仍然你中有我,我中有你,而且衰则俱衰,盛则俱盛。顶层,即形而上的一层,是精神层面,是情感与思维高度交融的、人性与灵性交融的境界层面,两者又完全一致。科学文化主要追求"是什么",进一步的追求是"果真如此吗";人文文化主要追求"应该是什么",进一步的追求是"果应如此吗";其实,百川归海,两者归结就是"果如此吗"。两者为了进一步的追求,都对已有的文化反思、怀疑、批判,在批判继承的基础上发展,以达到更深刻、更普适、更永恒。而且,基层的实践无止境,中层的知识创新无止境,顶层的精神追求也无止境。没有科学的人文,是残缺的人文;没有人文的科学,是残缺的科学。人文贯穿科学的始终,为其导向,为其提供动力,为其开辟原创性源泉,为其搭建广阔的发展舞台;科学也贯穿人文的始终,为其奠基,为其提供素材,避免误入荒谬,为其提供强大的表现手段。没有人文的科学教育,可能培养出"文"盲,培养出没有人性、缺乏灵性的书呆子、机器人，乃至刽子手；没有科学的人文教育，可能培养出“科”盲，培养出没有真正的人性、实在的灵性而目空一切的精神病患者、狂人，乃至毒枭。这绝不是人们所希望的。

如上所述，科学文化与人文文化本来是交融的，所以，应该交融，可以交融，而且必须交融。交融则两利，盛则俱盛；分离则两弊，衰则俱衰。交融不仅有利于两者的发展，而且有利于人的素质的提高，即升华人性与灵性，提升精神境界。这主要表现在六个方面。第一，科学精神与人文精神交融，有利于形成正确的人生追求。既求真，又求善，方能形成全面负责的责任感，从而有动力，有激情；从而可能全身心投入，达到忘我的境界；而创造性奇迹往往在这种境界中迸发出来，达到求真、务善、完美、创新。第二，科学知识与人文知识交融，有利于形成完备的知识基础。知识是文化的载体，是思维、方法、精神的基础；没有知识，就没有力量；没有完备的知识基础，就没有全面发展的基础。第三，科学思维与人文思维交融，有利于形成优秀的思维品质。优秀的思维，一要正确，二要有原创能力。逻辑思维保证思维的正确性，直觉、灵感、顿悟与形象思维保证思维的原创能力。彭加勒讲得对：逻辑是证明的工具，而直觉是发现的工具。证明只能跟踪，发现才可原创。第四，科学方法与人文方法交融，有利于形成有效的工作方法。科学方法讲实证，讲严谨、有序，讲“理”；人文方法讲体验，讲宽松、活泼，讲“情”。合“理”顺“情”，自然有效。第五，科学文化与人文文化交融，有利于形成和谐的相互关系。科学文化承认客观，人文文化关怀客观。客观世界一是有差异，二是要和谐。有差异才要承认，要和谐就需关怀。既承认又关怀，就可能同外界和谐相处。第六，科学文化与人文文化交融，有利于形成健康的身心状态。科学文化主要解决生理健康问题，人文文化主要解决心理健康问题，而且心理健康往往严重影响生理健康，起着主导作用。具备以上六点，就可以达到王安石在《游褒禅山记》一文中所提出的成功三个条件：有志，有力，有物相之，即有理想，有能力，善于利用外部条件。是的，不同而和，和为贵，和则生实，和而创新，和而前进。

如果说科学文化主要是讲客观世界，讲“天道”，人文文化主要是讲主观世界，讲“人道”，那么两者交融就是“主客一体”、“天人合一”。“天人合一”思想是我国的一大优秀传统，也正是中华文化哲理中整体思想在世界观方面的精彩体现。身需彩凤双飞翼，一翼是科学，一翼是人文；双翼健劲，才能长空竞胜。如何交融？最根本的一条就是学习、思考、实践三者紧密结合。学习是基础，思考是关键，实践是根本。

第一，学习是基础。只有“好好学习”，才能“天天向上”。学习，首先就是要读“书”，读“书”是继承前人的知识；在前人知识的基础上继承，才能发展。即使是错误的，也要知道错在何处。其次要向实践学习，实践是最大的教科书。另外，还要向自己学习。一个人只有正确地认识自己，反省自己，总结成功的经验与失败的教训，不骄不馁，才能不断前进。谚言讲得好，反省是人类最高的智慧。老子讲得好：“知人者智，自知者明。”《论语》开章明义的第一篇第一章第一句讲的就是学习。

第二，思考是关键。我们提倡要善于分析问题、解决问题，但这还不够，还要善于发现问题、提出问题。如果不能发现问题、提出问题，只能分析问题、解决问题，那么只能永远跟踪，永远落后。我们看到的东西不可能都是个性的、特殊的、形而下的，“道可道，非常道”，能不能从个性看到共性，从特殊看到一般，从形而下看到形而上，非常重要。要善于超越，善于从形而下到形而上，即善于抽象、善于抓住本质，如同韩愈所讲，要“思其义”、“提其要”、“钩其玄”；当然，也要善于从形而上到形而下，即善于联想，举一反三。人之所以为人，人之所以能创造，就在于人有人的灵性，人能思考。恩格斯讲得好：地球上最美丽的花朵是人类的智慧，是独立思考着的精神。

第三，实践是根本。这至少体现在五个方面：① 实践是检验真理的唯一标准。② 实践是最大的教科书。

现在所谓的知识、自然的奥秘、人生的真谛、社会的规律都蕴涵在实践里。③ 能力来源于实践。不实践,就无法将知识升华为素质。能力是素质的一种表现,还有些能力,绝对不是一下子就能学来的,只能在实践中慢慢领悟、培养。④ 品德来源于实践。道德也是素质的一种表现,道是行,“德”其实是“得”,只有行了(即实践了)以后才能得到,才能表现为道德。很多德行,从书中读不来,在实践中才能体省。读“书”只关系到认知过程,而实践还关系到非认知过程。能力与品德的形成,本质上即素质的形成,我们不但要有认知过程,也要有非认知过程,绝不能离开实践。⑤ 创新来源于实践。没有实践就没有创新。创新始于实践,终于实践,始终贯穿着实践。实践无止境,创新也无止境。

学习、思考、实践,这三者绝非是彼此孤立的。要在学习中思考,否则是死读“书”,读“死”书,成了书呆子、计算机的存储装置。要在实践中思考,否则不是“盲行”,就是“照章办事”,甚至比不上会学习的机器人。思考把学习与实践紧紧联在一起。通过思考,可以在学习中去实践,更可以在实践中去学习。即学中做,做中学。尤其值得指出的是,不能脱离学习与实践去思考,即不能空想。“学而不思则罔”,罔者,徒劳也。“思而不学则殆”,殆者,危险也。“躬行为启化之源”,不“行”,没有恰当形式的实践,思有何益?我国有着这三者相结合的优秀传统。荀子讲:“君子博学而日三省乎已,则知明而行无过矣。”岳麓书院有四句话:“博于问学,明于睿思,笃于务实,志于成人。”讲的都是此意。只有三者的紧密结合,才能把科学文化与人文文化交融,把灵性与人性、智力与情感、实际与理想结合,也就是把做事与做人统一起来。

时代呼唤我们要把科学文化同人文文化交融。党中央提出了科学发展观,一开始的三句话是:坚持以人为本,树立全面、协调、可持续的发展观,促进社会经济和人的全面发展。第一句讲的是人文,核心是关怀人;第二句讲的是科学,核心是按客观规律办事;第三句讲的是两者交融可达到的结果。是的,只有交融,才能创新,才能发展,才能持续进步。

当前,综合国力的激烈竞争,关键是科技的竞争,特别是高科技的竞争;而这一竞争的根本是人才的竞争,特别是高级人才的竞争,而其实质又是人才素质的竞争;而人才素质的竞争又归于教育的竞争,特别是作为教育战线龙头的高等教育的竞争。不言而喻,竞争的关键是科学技术,竞争的根本是人才,竞争的基础是教育。丢失科学文化,丢失科学教育,就丢失“立世之基”;丢失人文文化,丢失人文教育,就丢失“为人之本”,异化人性,扼杀灵性;丢失民族文化,就丢失民族精神,丢失民族脊梁骨;丢失民族文化经典,就丢失民族精神之源！李铁映同志深刻地指出，文化是一个民族的“身份证”。我一再强调，在科学技术与物质文明高速发展与高度发达的今天，一个国家、一个民族，没有先进科学，没有现代技术，就是落后，就是衰弱，一打就垮；然而，一个国家、一个民族，没有民族文化，没有民族精神，就会空虚，就会异化，不打自垮。历史之鉴，难道还少了吗？忧患之思，难道可丧失吗？时代趋势，难道可不察吗？

编辑说明

这套书中的个别报告曾经在其他场合讲过，或曾经在其他刊物发表，为了保持报告完整性并加以更广泛的科普宣传，仍将其收入书中。为了统一风格，所附参考文献不再列出，敬请谅解。

书中所配插图主要系编辑所加，其中大部分取得了版权所有者的授权。由于时间紧急，个别图片尚未联系到版权人，敬请图片作者与北京大学出版社联系。联系电话(010)62767857。